Problemas de cálculo en varias variables

Francisco I. Chicharro

Alicia Cordero

Eulalia Martínez

Juan R. Torregrosa

edUPV

Universitat Politècnica de València

Colección *Punto de partida* http://tiny.cc/edUPV_part

Para referenciar esta publicación utilice la siguiente cita:
Chicharro, Francisco I.; Cordero, Alicia; Martínez, Eulalia y Torregrosa, Juan R. (2024).
Problemas de cálculo en varias variables. edUPV

ISBN: 978-84-1396-216-0
Depósito Legal: V-149-2024

Imprime: Byprint Percom, S. L.

Si el lector detecta algún error en el libro o bien quiere contactar con los autores, puede enviar un correo a edicion@editorial.uvp.es

edUPV se compromete con la ecoimpresión y utiliza papeles de proveedores que cumplen con los estándares de sostenibilidad medioambiental https://editorialupv.webs.upv.es/compromiso- medioambiental/

Impreso en España

Resumen

Este libro está enfocado a las funciones escalares de varias variables

$$f : \mathbb{R}^n \longrightarrow \mathbb{R},$$

en las que a partir de un vector de entrada $x = (x_1, x_2, \ldots, x_n)^T \in \mathbb{R}^n$ se obtiene un valor escalar de salida $y = f(x)$.

Nuestro objetivo es proporcionar al lector una serie de ejercicios resueltos paso a paso para que pueda asimilar los conceptos de forma independiente, tras un estudio de las herramientas y resultados teóricos asociados.

El libro se divide en cuatro capítulos. En primer lugar se hace un repaso acerca de la geometría en el espacio, recordando las expresiones de las rectas y planos, así como sus posiciones relativas. Asimismo, se introducen las superficies cuadráticas, tanto desde la perspectiva del análisis como de la síntesis, y los cambios a coordenadas cilíndricas y esféricas. En el segundo capítulo, se abordan los conceptos básicos de funciones de varias variables: definición, propiedades, representaciones gráficas, límites y continuidad. En tercer lugar se hace énfasis sobre el concepto de diferenciabilidad, analizando cómo varía una función cuando varían una o varias variables. Por último, aplicamos los conceptos de diferenciabilidad sobre el cálculo de polinomios de Taylor en varias variables o sobre la optimización de funciones multidimensionales tanto para obtener extremos libres como en el caso en que existan restricciones.

Los autores

Índice general

Capítulo 1

Vectores y geometría del espacio

Para comenzar a abordar el cálculo en varias variables, vamos a introducir conceptos de geometría en el espacio. A partir de las descripciones de rectas, planos y superficies en $\mathbb{R}^3$, obtendremos una serie de expresiones que nos permitirán identificar las geometrías de las antenas parabólicas o de determinados diagramas de radiación.

1.1 Problemas resueltos

En esta sección, resolveremos problemas que involucran a las rectas y los planos en $\mathbb{R}^3$, así como las diferentes intersecciones que se pueden dar entre ellos. A continuación identificaremos superficies cuadráticas y cilíndricas a partir de sus ecuaciones generales.

Dentro de esta sección no vamos a encontrar problemas de examen aislados, ya que las preguntas correspondientes a estos contenidos se incluyen dentro de preguntas de otros temas.

1.1.1 Rectas y planos en $\mathbb{R}^3$

Problema 1

Determina la ecuación paramétrica de la recta:

(a) $\dfrac{x-5}{9} = \dfrac{y+3}{7} = z-10;$

(b) que pasa por el punto $P = (4,9,8)$ y es perpendicular al plano XZ.

Solución

(a) Tomando

$$t = \frac{x-5}{9} = \frac{y+3}{7} = z-10 \leftrightarrow \left\{ \begin{array}{rcl} x-5 &=& 9t \\ y+3 &=& 7t \\ z-10 &=& t \end{array} \right\} \leftrightarrow \left\{ \begin{array}{rcl} x &=& 5+9t \\ y &=& -3+7t \\ z &=& 10+t \end{array} \right\} \leftrightarrow$$

$$\leftrightarrow (x,y,z) = (5+9t, -3+7t, 10+t) = (5,-3,10) + t(9,7,1).$$

(b) Un vector perpendicular al plano XZ es el vector $\vec{v} = (0,1,0)$, de modo que la ecuación paramétrica de la recta $r(t)$ que pasa por P con dirección $\vec{v}$ es

$$r(t) = (x(t), y(t), z(t)) = P + t\vec{v} = (4, 9+t, 8).$$

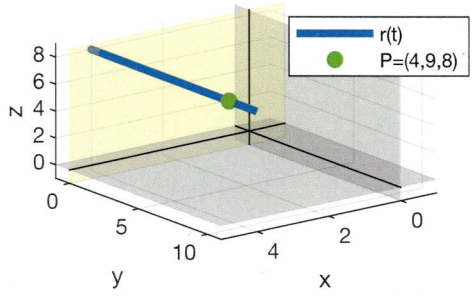

Problema 2

Determina, si es posible, la intersección entre:
  (a)   las rectas $r_1(t) = (0, 1, 1) + t(1, 1, 2)$ y $r_2(s) = (2, 0, 3) + s(1, 4, 4)$,
  (b)   el plano $\Pi : x + y + z = 14$ y la recta $r(t) = (1, 1, 0) + t(0, 2, 4)$,
  (c)   el plano $\Pi : x - z = 6$ y la recta $r(t) = (1, 0, -1) + t(4, 9, 2)$,
  (d)   el plano $\Pi : z = 12$ y la recta $r(t) = (1, 0, 0) + t(-6, 9, 0)$.

Solución

(a) Igualamos las expresiones de las rectas.

$$r_1(t) = r_2(t) \leftrightarrow (0, 1, 1) + t(1, 1, 2) = (2, 0, 3) + s(1, 4, 4) \leftrightarrow$$

$$(t, 1 + t, 1 + 2t) = (2 + s, 4s, 3 + 4s).$$

Resolviendo por componentes,

$$\left. \begin{array}{rrcl} x: & t & = & 2 + s \\ y: & 1 + t & = & 4s \\ z: & 1 + 2t & = & 3 + 4s \end{array} \right\} \rightarrow \left\{ \begin{array}{rcl} t & = & 3 \\ s & = & 1 \end{array} \right.$$

por lo que se cortan en $P = r_1(3) = r_2(1)$, es decir, en el punto

$$P = r_1(3) = (0, 1, 1) + 3(1, 1, 2) = (3, 4, 7).$$

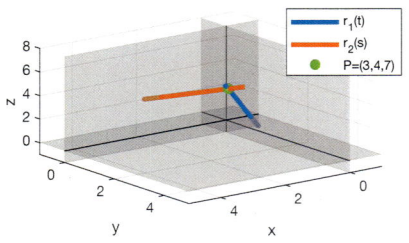

(b) La recta tiene la expresión $r(t) = (x(t), y(t), z(t)) = (1, 1 + 2t, 4t)$. En la intersección coinciden la recta y el plano, por lo que

$$x + y + z = 14 \leftrightarrow 1 + 1 + 2t + 4t = 14 \leftrightarrow t = 2.$$

Así que el punto intersección es

$$P = r(2) = (1, 5, 8).$$

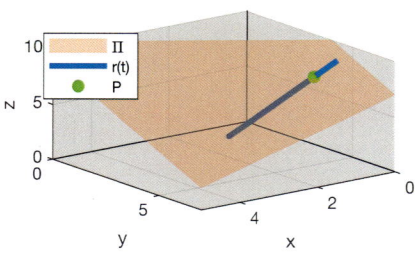

(c) La recta tiene la expresión $r(t) = (x(t), y(t), z(t)) = (1 + 4t, 9t, -1 + 2t)$. En la intersección coinciden la recta y el plano, por lo que

$$x - z = 6 \leftrightarrow 1 + 4t + 1 - 2t = 6 \leftrightarrow t = 2.$$

Así que el punto intersección es

$$P = r(1) = (9, 18, 3).$$

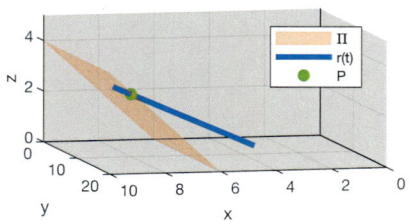

(d) La recta tiene la expresión $r(t) = (x(t), y(t), z(t)) = (1 - 6t, 9t, 0)$. En la intersección coinciden la recta y el plano, por lo que

$$z = 12 \leftrightarrow 0 = 12,$$

de modo que no hay intersección.

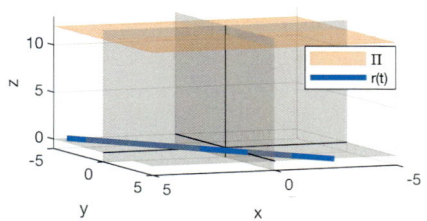

Problema 3

Halla la ecuación del plano Π:
  (a) determinado por los puntos $P = (1, 0, -1)$, $Q = (2, 2, 1)$ y $R = (4, 1, 2)$,
  (b) que pasa por el punto $P = (4, 1, 9)$ y es paralelo a $\Pi' : x + y + z = 3$,
  (c) que sea perpendicular a los dos planos $\Pi_1 : x + y = 3$ y
        $\Pi_2 : x + 2y - z = 4$.

Solución

(a) Obtengamos dos vectores a partir de los cuales calculamos el plano.

$$\overrightarrow{PQ} = Q - P = (1, 2, 2), \quad \overrightarrow{PR} = R - P = (3, 1, 3).$$

5

Podemos expresar el plano en forma paramétrica como

$$\Pi : (x, y, z) = P + \lambda \overrightarrow{PQ} + \mu \overrightarrow{PR} = (1, 0, -1) + \lambda(1, 2, 2) + \mu(3, 1, 3).$$

Para obtener la ecuación general del plano, obtenemos su vector normal

$$\vec{n} = \overrightarrow{PQ} \times \overrightarrow{PR} = \begin{vmatrix} \vec{i} & \vec{j} & \vec{k} \\ 1 & 2 & 2 \\ 3 & 1 & 3 \end{vmatrix} = 4\vec{i} + 3\vec{j} - 5\vec{k} = (4, 3, -5).$$

De forma que la ecuación general es

$$4x + 3y - 5z + d = 0.$$

Como el plano pasa por los tres puntos, despejamos d particularizando la ecuación general en el punto P como

$$4 \cdot 1 + 3 \cdot 0 - 5 \cdot (-1) + d = 0 \leftrightarrow d = -9,$$

por lo que la ecuación general del plano es

$$\Pi : 4x + 3y - 5z - 9 = 0.$$

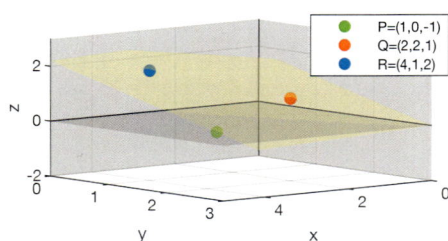

(b) Dos planos paralelos tienen el mismo vector normal, de modo que el vector normal a Π y Π' es $\vec{v} = (1, 1, 1)$ y la ecuación general del plano es

$$x + y + z + d = 0.$$

Como el plano Π pasa por el punto P,

$$4 + 1 + 9 + d = 0 \leftrightarrow d = -14,$$

así que la ecuación general del plano es

$$\Pi : x + y + z - 14 = 0.$$

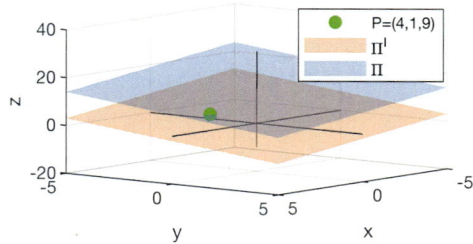

(c) Un plano perpendicular a dos planos tiene un vector normal perpendicular a los vectores normales de los planos. Sean $\vec{v}$, $\vec{v}_1 = (1, 1, 0)$ y $\vec{v}_2 = (1, 2, -1)$ los vectores normales a los planos Π, Π_1 y Π_2, respectivamente. Entonces,

$$\vec{v} = \vec{v}_1 \times \vec{v}_2 = \begin{vmatrix} \vec{i} & \vec{j} & \vec{k} \\ 1 & 1 & 0 \\ 1 & 2 & -1 \end{vmatrix} = -\vec{i} + \vec{j} + \vec{k} = (-1, 1, 1).$$

Por tanto, el plano buscado tendrá la expresión

$$\Pi : -x + y + z + d = 0,$$

para cualquier valor de d.

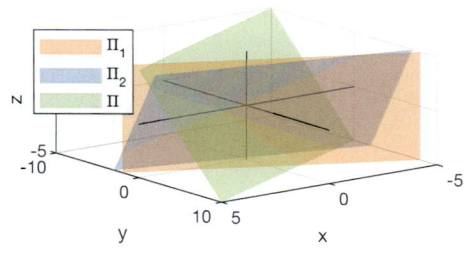

Problema 4

Calcula la distancia entre

(a) los planos $\Pi_1 : 10x + 2y - 2z = 5$ y $\Pi_2 : 5x + y - z = 1$,

(b) las rectas $r_1(t) = (1 + t, -2 + 3t, 4 - t)$ y $r_2(s) = (2s, 3 + s, -3 + 4s)$.

Solución

(a) La distancia entre los planos será nula si ambos planos se cortan. Vemos que el vector director de Π_1 es $\vec{v}_1 = (10, 2, -2)$, mientras que el de Π_2 es $\vec{v}_2 = (5, 1, -1) = \dfrac{1}{2}\vec{v}_1$. Al ser proporcionales, ambos planos son paralelos y, por tanto, tienen distancia no nula.

Calculamos la distancia entre los planos como la distancia entre un punto P del plano Π_1 y el plano Π_2. Tomemos, por ejemplo, $P = \left(\dfrac{1}{2}, 0, 0\right)$. Así

$$d(P, \Pi_2) = \frac{\left|5 \cdot \dfrac{1}{2} + 1 \cdot 0 - 1 \cdot 0 - 1\right|}{\sqrt{27}} = \frac{\dfrac{3}{2}}{3\sqrt{3}} = \frac{1}{2\sqrt{3}}.$$

(b) La distancia entre las rectas será nula si ambas rectas se cortan. Comprobé-moslo resolviendo por componentes.

$$\left.\begin{array}{rrcl} x: & 1 + t & = & 2s \\ y: & -2 + 3t & = & 3 + s \\ z: & 4 - t & = & -3 + 4s \end{array}\right\} \rightarrow \text{ no tiene solución.}$$

Los vectores directores de las rectas son $\vec{v}_1 = (1, 3, -1)$ y $\vec{v}_2 = (2, 1, 4)$; como ni coinciden ni son proporcionales, las rectas no son paralelas. Por tanto, las rectas serán oblicuas.

La distancia entre las rectas $r_1(t)$ y $r_2(s)$ será la misma que la distancia entre dos planos paralelos Π_1 y Π_2 que contienen a las rectas. El vector normal $\vec{v}$ a ambos planos será normal a $\vec{v}_1$ y $\vec{v}_2$:

$$\vec{v} = \vec{v}_1 \times \vec{v}_2 = \begin{vmatrix} \vec{i} & \vec{j} & \vec{k} \\ 1 & 3 & -1 \\ 2 & 1 & 4 \end{vmatrix} = 13\vec{i} - 6\vec{j} - 5\vec{k} = (13, -6, -5).$$

Así que el plano tendrá la expresión

$$13(x - x_0) - 6(y - y_0) - 5(z - z_0) = 0.$$

Tomando un punto de $r_1(t)$, por ejemplo, para $t = 0 : P = r_1(0) = (1, -2, 4)$, el plano Π_1 tendrá la expresión

$$13(x - 1) - 6(y + 2) - 5(z - 4) = 0 \leftrightarrow 13x - 6y - 5z - 5 = 0.$$

Ahora solo queda aplicar la expresión de la distancia entre un punto Q de $r_2(s)$ (tomamos, por ejemplo, $s = 0 : Q = r_2(0) = (0, 3, -3)$) y el plano Π_1 como

$$d\left(r_1(t), r_2(t)\right) = d(Q, \Pi_1) = \frac{|13 \cdot 0 - 6 \cdot 3 - 5 \cdot (-3) - 5|}{\sqrt{13^2 + 6^2 + 5^2}} = \frac{8}{\sqrt{230}}.$$

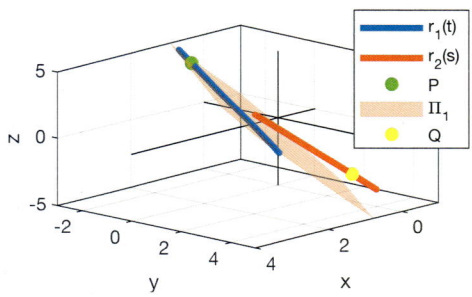

Problema 5

Determina la ecuación paramétrica de la recta definida por la intersección de los planos $4x + 4y - 2z = 3$ y $2x + y + z = -1$.

Solución

La intersección de los planos la forman aquellos puntos comunes a ambos, por lo que la ecuación de la recta la encontraremos despejando una de las variables en un plano y reemplazándola en el otro. De $4x + 4y - 2z = 3$, obtenemos que $z = 2x + 2y - \dfrac{3}{2}$. Reemplazando en el segundo plano, encontramos

$$2x + y + 2x + 2y - \frac{3}{2} = -1, \Leftrightarrow 8x + 6y = 1 \Leftrightarrow t = x = \frac{1 - 6y}{8} = \frac{y - 1/6}{-4/3}.$$

Así, la ecuación paramétrica de la recta intersección es $x = t$, $y = -\dfrac{4}{3}t + \dfrac{1}{6}$, $z = 1 - 2x - y = -\dfrac{7}{6} - \dfrac{2}{3}t$ o, equivalentemente,

$$r(t) = (x(t), y(t), z(t)) = P + \vec{v}t = \left(t, \dfrac{1}{6} - \dfrac{4}{3}t, -\dfrac{7}{6} - \dfrac{2}{3}t \right),$$

siendo $P = \left(0, \dfrac{1}{6}, -\dfrac{7}{6} \right)$ un punto por el que pasa la recta y $\vec{v} = \left(1, -\dfrac{4}{3}, -\dfrac{2}{3} \right)$ el vector director.

1.1.2 Superficies cuadráticas y cilíndricas

Problema 6

Identifica las siguientes superficies cuadráticas:
(a) $x^2 - z^2 = 5y$,   (c) $4x^2 - y^2 + z^2 - 8x + 2y + 2z + 3 = 0$,
(b) $x^2 - 2y^2 - 4z^2 = 8$,   (d) $x^2 + y^2 + z^2 - 8x - 8y - 6z + 24 = 0$.

Solución

(a) La expresión se encuentra en la forma reducida

$$y = \dfrac{x^2}{(\sqrt{5})^2} - \dfrac{z^2}{(\sqrt{5})^2},$$

de modo que se trata de un paraboloide hiperbólico centrado en el origen con simetría en el plano XZ.

(b) La expresión se encuentra en forma reducida. Multiplicando por -1 a ambos lados de la igualdad obtenemos $2y^2 + 4z^2 - x^2 = -8$, que equivale a

$$\dfrac{y^2}{2^2} + \dfrac{z^2}{(\sqrt{2})^2} - \dfrac{x^2}{(\sqrt{8})^2} = -1,$$

luego la superficie es un hiperboloide de dos hojas elíptico centrado en el origen con simetría en el eje x.

(c) Obtengamos la forma reducida de la superficie.

$$4x^2 - 8x - y^2 + 2y + z^2 + 2z + 3 = 0 \leftrightarrow$$

$$\leftrightarrow (2x - 2)^2 - 4 - (y - 1)^2 + 1 + (z + 1)^2 - 1 + 3 = 0 \leftrightarrow$$

$$\leftrightarrow (2x - 2)^2 - (y - 1)^2 + (z + 1)^2 = 1 \leftrightarrow$$

$$\leftrightarrow (2(x-1))^2 - (y-1)^2 + (z+1)^2 = 1 \leftrightarrow \frac{(x-1)^2}{1/2^2} - (y-1)^2 + (z+1)^2 = 1,$$

por lo que nos encontramos ante un hiperboloide de una hoja elíptico centrado en el punto $(x_0, y_0, z_0) = (1, 1, -1)$ con simetría en el eje y.

(d) Obtengamos la forma reducida de la superficie.

$$x^2 - 8x + y^2 - 8y + z^2 - 6z + 24 = 0 \leftrightarrow$$

$$\leftrightarrow (x - 4)^2 - 16 + (y - 4)^2 - 16 + (z - 3)^2 - 9 + 24 = 0 \leftrightarrow$$

$$\leftrightarrow (x - 4)^2 + (y - 4)^2 + (z - 3)^2 = (\sqrt{17})^2.$$

Se trata de una esfera centrada en $(x_0, y_0, z_0) = (4, 4, 3)$ de radio $\sqrt{17}$.

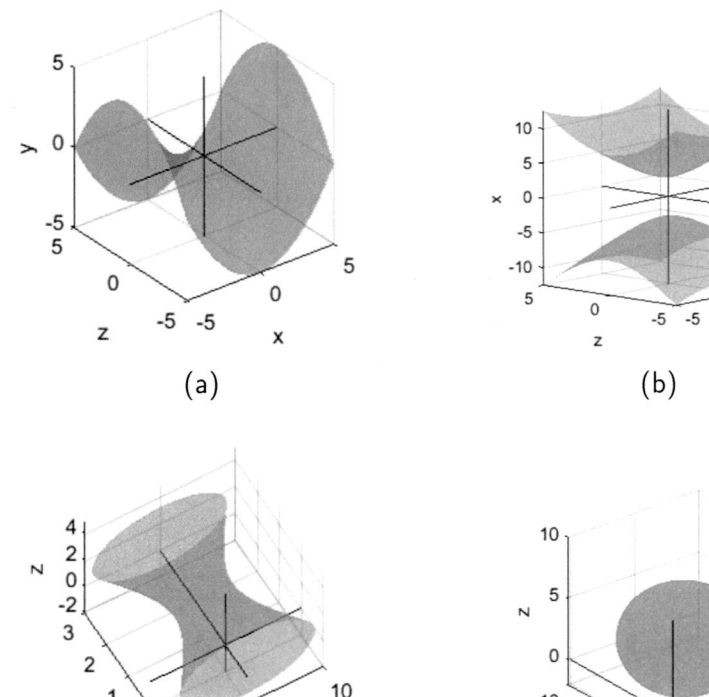

Problema 7

Identifica las siguientes superficies cilíndricas.
(a) $\{(x, y, z) \in \mathbb{R}^3 : x^2 + z^2 = 1\}$, (b) $\{(x, y, z) \in \mathbb{R}^3 : x^2 - 4y^2 = 1\}$,
(c) $\{(x, y, z) \in \mathbb{R}^3 : x = 4 - y^2\}$, (d) $\{(x, y, z) \in \mathbb{R}^3 : 4x^2 + y^2 = 36\}$.

Solución

(a) Se trata de un cilindro circular que se extiende a lo largo del eje y con centro en $(x, y, z) = (0, y, 0)$ de radio unidad.

(b) Estamos ante un cilindro hiperbólico que se extiende a lo largo del eje z de expresión

$$x^2 - \frac{y^2}{1/2^2} = 1.$$

(c) Tenemos un cilindro parabólico que se extiende a lo largo del eje z con un máximo en $(x, y, z) = (4, 0, z)$.

(d) Transformando la expresión,

$$\frac{4}{36}x^2 + \frac{1}{36}y^2 = 1 \leftrightarrow \frac{x^2}{3^2} + \frac{y^2}{6^2} = 1.$$

Se trata de un cilindro elíptico que se extiende a lo largo del eje z de semiejes 3 y 6 en los ejes x e y, respectivamente.

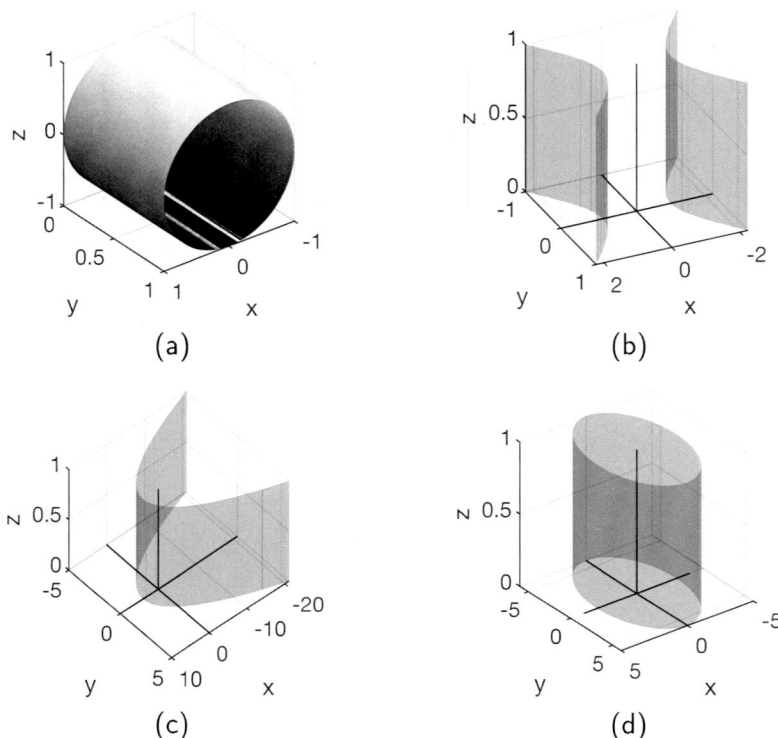

(a)   (b)

(c)   (d)

Problema 8

Identifica las superficies $\dfrac{z^2}{4} - \dfrac{y^2}{9} - \dfrac{x^2}{9} = 1$, $z^2 + y^2 = \dfrac{1}{4}$. ¿Existe intersección entre ellas? En caso afirmativo, proporciona su expresión.

Solución

La superficie $\dfrac{z^2}{4} - \dfrac{y^2}{9} - \dfrac{x^2}{9} = 1$ es un hiperboloide elíptico de dos hojas, que se encuentran a distancia de 2 unidades en vertical del origen de coordenadas. La superficie $z^2 + y^2 = \dfrac{1}{4}$ es un cilindro horizontal generado por la circunferencia (en el plano YZ) de centro el origen y radio $\dfrac{1}{2}$. Por tanto, como $\dfrac{1}{2} < 2$, no hay intersección entre ambas superficies.

De otro modo, si nos planteamos que existiera esa intersección, despejando z^2 en el cilindro y reemplazándolo en el hiperboloide, encontramos

$$\frac{1}{4}\left(\frac{1}{4} - y^2\right) - \frac{y^2}{9} - \frac{x^2}{9} = 1 \leftrightarrow \frac{13}{36}y^2 + \frac{x^2}{9} = -\frac{15}{16},$$

lo que es absurdo, ya que la suma de cuadrados no puede dar un número negativo. Por tanto, no existe intersección.

Problema 9

Escribe la forma reducida de la ecuación del elipsoide centrado en el origen que pasa por los puntos $A = (2, 0, 0)$, $B = (0, 0, 1)$ y $C = \left(1, \sqrt{8}, \frac{1}{2}\right)$.

Solución
Sabemos que la expresión general de un elipsoide centrado en el origen es

$$\frac{x^2}{a^2} + \frac{y^2}{b^2} + \frac{z^2}{c^2} = 1.$$

Si forzamos a que el elipsoide pase por A, entonces $\frac{4}{a^2} = 1$ y necesariamente $a = 2$. Del mismo modo, forzando a que el elipsoide pase por B, resulta $\frac{1}{c^2} = 1$, por lo que $c = 1$. Finalmente, si el elipsoide pasa por el punto, $C = \left(1, \sqrt{8}, \frac{1}{2}\right)$, se cumple $\frac{8}{b^2} = \frac{1}{2}$, por lo que $b = 4$ y la ecuación reducida del elipsoide es:

$$\frac{x^2}{4} + \frac{y^2}{16} + z^2 = 1.$$

Problema 10

Escribe la forma reducida de la ecuación del elipsoide centrado en el punto P de coordenadas $(1, 1, 0)$ que pasa por los puntos $A = (6, 1, 0)$, $B = (4, 2, 0)$ y $C = (1, 2, 1)$.

Solución

La expresión general de un elipsoide centrado en el punto $P = (1, 1, 0)$ es $\dfrac{(x-1)^2}{a^2} + \dfrac{(y-1)^2}{b^2} + \dfrac{z^2}{c^2} = 1$. Sabemos que pasa por los puntos A, B y C, lo que nos permite encontrar el valor de las incógnitas a, b y c: al pasar por A, necesariamente $a = 5$. Utilizando este valor y que el elipsoide pasa por B, encontramos $b = \dfrac{5}{4}$; finalmente, forzando a que pase por C, llegamos a que $c = \dfrac{5}{3}$ y la ecuación reducida del elipsoide es:

$$\frac{(x-1)^2}{25} + 16\frac{(y-1)^2}{25} + 9\frac{z^2}{25} = 1.$$

Problema 11

Determina los puntos de intersección del hiperboloide $z = 3x^2 - 2y^2$ con la recta de ecuaciones paramétricas $x = 3\lambda$, $y = 2\lambda$ y $z = 19\lambda$, siendo λ cualquier número real, no nulo.

Solución

La ecuación paramétrica de la recta nos dice que ésta pasa por el punto $(0, 0, 0)$ y tiene la dirección del vector $(3, 2, 19)$. Despejando el parámetro λ,

$$\lambda = \frac{x}{3} = \frac{y}{2} = \frac{z}{19},$$

luego $y = \dfrac{2x}{3}$ y también $y = \dfrac{2z}{19}$, luego la ecuación de la recta es $x = \dfrac{3z}{19}$. Su intersección con el hiperboloide $z = 3x^2 - 2y^2$ la obtenemos mediante reemplazamiento:

$$z = 3\left(\frac{3z}{19}\right)^2 - 2y^2 \Leftrightarrow 361z + 722y^2 = 27z^2 \Leftrightarrow (z - 361/54)^2 - 722/27y^2 = 361/54.$$

Por tanto, la intersección del hiperboloide con la recta dados es la hipérbola (en el plano XZ), de ecuación $(z - 361/54)^2 - 722/27y^2 = 361/54$.

Problema 12

Demuestra que $Ax^2 + By^2 + Cz^2 = D$ representa a un hiperboloide elíptico de una hoja si uno de los coeficientes es negativo y $D > 0$.

Solución

Supongamos que el coeficiente negativo es $A < 0$, entonces $\bar{A} = -A > 0$ y entonces la cuádrica es equivalente a

$$-\bar{A}x^2 + By^2 + Cz^2 = D \Leftrightarrow -\frac{x^2}{D/\bar{A}} + \frac{y^2}{D/B} + \frac{z^2}{D/C} = 1,$$

donde todos los denominadores son positivos. Entonces, si denotamos $D/\bar{A} = a^2$, $D/B = b^2$ y $D/C = c^2$, encontramos la ecuación del hiperboloide elíptico de una hoja,

$$-\frac{x^2}{a^2} + \frac{y^2}{b^2} + \frac{z^2}{c^2} = 1.$$

Problema 13

Al intersectar el plano $x = k$, siendo k constante, con una superficie cuadrática obtenemos una parábola; también obtenemos una parábola al cortar la misma superficie con el plano $y = k$; sin embargo, al cortar la superficie con el plano $z = k$ obtenemos una hipérbola. ¿De qué tipo es la superficie cuadrática? Justifica la respuesta.

Solución

La superficie es un paraboloide hiperbólico. El hecho de que sus proyecciones en dos direcciones distintas sean parábolas nos dice que es un paraboloide; la proyección hiperbólica en la tercera dirección nos dice que es un paraboloide hiperbólico.

1.1.3 Coordenadas cilíndricas y esféricas

Problema 14

Halla las coordenadas esféricas de los siguientes puntos:
(a) $P = (x, y, z) = (2, -2\sqrt{3}, 3)$,   (b) $Q = (x, y, z) = (1, 1, 1)$,
(c) $R = (x, y, z) = (\sqrt{3}, 0, 1)$.

Solución
El cambio de coordenadas rectangulares (x, y, z) a esféricas (r, θ, ϕ) viene dado
por

$$\begin{cases} r &= \sqrt{x^2 + y^2 + z^2}, \\ \theta &= \arctan\left(\dfrac{y}{x}\right), \\ \phi &= \arctan\left(\dfrac{\sqrt{x^2 + y^2}}{z}\right). \end{cases} \qquad \theta \in [0, 2\pi], \phi \in [0, \pi].$$

(a) $P = (x, y, z) = (2, -2\sqrt{3}, 3)$ está en el octante $x, z > 0, y < 0$, de modo
que $\theta \in \left[\dfrac{3\pi}{2}, 2\pi\right]$ y $\phi \in \left[0, \dfrac{\pi}{2}\right]$.

$$\begin{cases} r &= \sqrt{4 + 12 + 9} = 5, \\ \theta &= \arctan\left(\dfrac{-2\sqrt{3}}{2}\right) = -\dfrac{\pi}{3} = \dfrac{5\pi}{3}, \\ \phi &= \arctan\left(\dfrac{\sqrt{4 + 12}}{3}\right) = \arctan\left(\dfrac{4}{3}\right). \end{cases}$$

Por tanto, $P = (r, \theta, \phi) = \left(5, \dfrac{5\pi}{3}, \arctan\left(\dfrac{4}{3}\right)\right)$.

(b) $Q = (x, y, z) = (1, 1, 1)$ está en el octante $x, y, z > 0$, de modo que $\theta \in \left[0, \dfrac{\pi}{2}\right]$ y $\phi \in \left[0, \dfrac{\pi}{2}\right]$.

$$\begin{cases} r &= \sqrt{1 + 1 + 1} = \sqrt{3}, \\ \theta &= \arctan\left(\dfrac{1}{1}\right) = \dfrac{\pi}{4}, \\ \phi &= \arctan\left(\dfrac{\sqrt{1 + 1}}{1}\right) = \arctan\left(\sqrt{2}\right). \end{cases}$$

Por tanto, $Q = (r, \theta, \phi) = \left(\sqrt{3}, \dfrac{\pi}{4}, \arctan\left(\sqrt{2}\right) \right)$.

(c) $R = (x, y, z) = (\sqrt{3}, 0, 1)$ está en el plano $y = 0$ con $x, z \geq 0$, de modo que $\theta = 0$ y $\phi \in \left[0, \dfrac{\pi}{2} \right]$.

$$
\begin{cases}
r & = & \sqrt{3 + 0 + 1} = 2, \\[2mm]
\theta & = & \arctan\left(\dfrac{0}{\sqrt{3}} \right) = 0, \\[2mm]
\phi & = & \arctan\left(\dfrac{\sqrt{3 + 0}}{1} \right) = \arctan\left(\sqrt{3} \right) = \dfrac{\pi}{3}.
\end{cases}
$$

Por tanto, $R = (r, \theta, \phi) = \left(2, 0, \dfrac{\pi}{3} \right)$.

Problema 15

Halla las coordenadas rectangulares de los siguientes puntos y calcula la distancia al origen de la proyección de cada uno de los puntos sobre el plano XY:
(a) $P = (r, \theta, \phi) = \left(3, \dfrac{\pi}{3}, \dfrac{\pi}{4} \right)$, (b) $Q = (r, \theta, \phi) = \left(3, 0, \dfrac{\pi}{2} \right)$,
(c) $R = (r, \theta, \phi) = (3, \pi, 0)$.

Solución

El cambio de coordenadas esféricas (r, θ, ϕ) a rectangulares (x, y, z) viene dado por

$$
\begin{cases}
x & = & r \sin(\phi) \cos(\theta), \\
y & = & r \sin(\phi) \sin(\theta), \qquad \theta \in [0, 2\pi], \phi \in [0, \pi]. \\
z & = & r \cos(\phi).
\end{cases}
$$

Si proyectamos un punto (x, y, z) sobre el plano XY, el valor de la distancia entre la proyección y el origen es $d = r \sin(\phi)$.

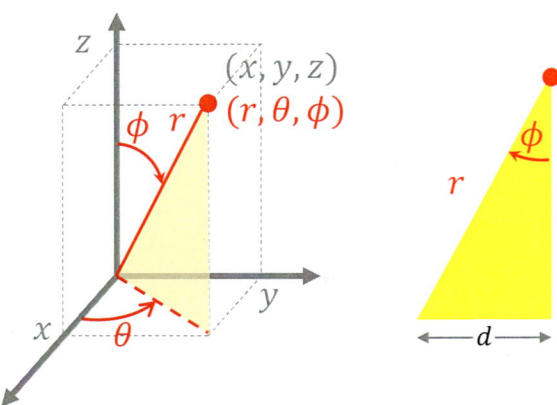

(a) $P = (r, \theta, \phi) = \left(3, \dfrac{\pi}{3}, \dfrac{\pi}{4}\right)$ está en el octante $x, y, z > 0$.

$$
\begin{cases}
x &=& 3\sin\left(\dfrac{\pi}{4}\right)\cos\left(\dfrac{\pi}{3}\right) = 3\dfrac{\sqrt{2}}{2}\dfrac{1}{2} = \dfrac{3\sqrt{2}}{4}, \\[3mm]
y &=& 3\sin\left(\dfrac{\pi}{4}\right)\sin\left(\dfrac{\pi}{3}\right) = 3\dfrac{\sqrt{2}}{2}\dfrac{\sqrt{3}}{2} = \dfrac{3\sqrt{6}}{4}, \\[3mm]
z &=& 3\cos\left(\dfrac{\pi}{4}\right) = \dfrac{3\sqrt{2}}{2}.
\end{cases}
$$

Por tanto, $P = (x, y, z) = \left(\dfrac{3\sqrt{2}}{4}, \dfrac{3\sqrt{6}}{4}, \dfrac{3\sqrt{2}}{2}\right)$ y $d = 3\sin\left(\dfrac{\pi}{4}\right) = \dfrac{3\sqrt{2}}{2}$.

(b) $Q = (r, \theta, \phi) = \left(3, 0, \dfrac{\pi}{2}\right)$ está en la semirrecta $x \geq 0$.

$$
\begin{cases}
x &=& 3\sin\left(\dfrac{\pi}{2}\right)\cos\left(0\right) = 3, \\[3mm]
y &=& 3\sin\left(\dfrac{\pi}{2}\right)\sin\left(0\right) = 0, \\[3mm]
z &=& 3\cos\left(\dfrac{\pi}{2}\right) = 0.
\end{cases}
$$

Por tanto, $Q = (x, y, z) = (3, 0, 0)$ y $d = 3\sin\left(\dfrac{\pi}{2}\right) = 3$.

(c) $R = (r, \theta, \phi) = (3, \pi, 0)$ está en la semirrecta $z \geq 0$.

$$
\begin{cases}
x & = & 3\sin(0)\cos(\pi) = 0, \\
y & = & 3\sin(0)\sin(\pi) = 0, \\
z & = & 3\cos(0) = 3.
\end{cases}
$$

Por tanto, $R = (x, y, z) = (0, 0, 3)$ y $d = 3\sin(0) = 0$.

Problema 16

Sean $P_1 = (1, -\sqrt{3}, 5)$ y $P_2 = (-1, \sqrt{3}, 5)$ en coordenadas rectangulares.

(a) ¿En qué cuadrante se encuentran las proyecciones de P_1 y P_2 sobre el plano XY?

(b) Halla el ángulo polar θ de cada punto.

Solución

(a) El punto $P_1 = (1, -\sqrt{3}, 5)$ se encuentra en el octante $x, z > 0, y < 0$, por lo que su proyección en el plano XY está en el cuarto cuadrante $x > 0, y < 0$.

El punto $P_2 = (-1, \sqrt{3}, 5)$ se encuentra en el octante $y, z > 0, x < 0$, por lo que su proyección en el plano XY está en el segundo cuadrante $x < 0, y > 0$.

(b) Sean θ_1 y θ_2 los ángulos polares de los puntos P_1 y P_2, respectivamente. Sus valores son

$$
\theta_1 = \arctan\left(\frac{-\sqrt{3}}{1}\right) = -\frac{\pi}{3}, \quad \theta_2 = \arctan\left(\frac{\sqrt{3}}{-1}\right) = -\frac{\pi}{3}.
$$

Como P_1 está en el cuarto cuadrante, $\theta_1 = -\frac{\pi}{3}$; como P_2 está en el segundo cuadrante, $\theta_2 = \pi - \frac{\pi}{3} = \frac{2\pi}{3}$.

Problema 17

Describe la superficie cuya ecuación en coordenadas cilíndricas es:
(a) $\rho^2 + z^2 = 4$, (b) $z^2 = \rho^2$, (c) $\rho^2 = z^2 - 1$.

Solución

(a) Haciendo el cambio a coordenadas cartesianas, obtenemos $x^2 + y^2 + z^2 = 4$, que es la ecuación de la esfera centrada en el origen de radio 2.

(b) Haciendo el cambio a coordenadas cartesianas, obtenemos $z^2 = x^2 + y^2$, que es la expresión del cono circular centrado en el origen.

(c) Haciendo el cambio a coordenadas cartesianas, obtenemos $x^2 + y^2 = z^2 - 1 \leftrightarrow x^2 + y^2 - z^2 = -1$, tratándose de un hiperboloide circular de dos hojas centrado en el origen.

Problema 18

Describe la superficie cuya ecuación en coordenadas esféricas es:
(a) $r^2 = 4$, (b) $\dfrac{2}{r} = \dfrac{1 - \cos(2\phi)}{\cos(\phi)}$, (c) $r^2 \cos(2\phi) = 1$.

Solución

(a) Haciendo el cambio a coordenadas cartesianas, obtenemos $x^2 + y^2 + z^2 = 4$, que es la ecuación de la esfera centrada en el origen de radio 2.

(b) Tratemos de ajustar la expresión hasta obtener los valores de x e y como

$$\frac{2}{r} = \frac{1 - \cos(2\phi)}{\cos(\phi)} \leftrightarrow \frac{2}{r} = \frac{2\sin^2(\phi)}{z/r} \leftrightarrow 1 = r^2 \frac{\sin^2(\phi)\left(\cos^2(\theta) + \sin^2(\theta)\right)}{z} \leftrightarrow$$

$$\leftrightarrow z = r^2 \sin^2(\phi) \cos^2(\theta) + r^2 \sin^2(\phi) \sin^2(\theta) \leftrightarrow z = x^2 + y^2,$$

que es la expresión del paraboloide circular centrado en el origen.

(c) Tratemos de ajustar la expresión hasta obtener los valores de x e y como

$$r^2 \cos(2\phi) = 1 \leftrightarrow r^2 \left(\cos^2(\phi) - \sin^2(\phi)\right) = 1 \leftrightarrow z^2 - r^2 \sin^2(\phi) = 1 \leftrightarrow$$

$$\leftrightarrow z^2 - r^2 \sin^2(\phi) \left(\cos^2(\theta) + \sin^2(\theta)\right) = 1 \leftrightarrow z^2 - x^2 - y^2 = 1 \leftrightarrow$$

$$\leftrightarrow x^2 + y^2 - z^2 = -1,$$

que es la expresión de un hiperboloide circular de dos hojas centrado en el origen.

Problema 19

Identifica las siguientes superficies cuadráticas expresadas en coordenadas esféricas:
(a) $r = 3$, (b) $z = \rho^2$, (c) $\phi = \dfrac{\pi}{4}$.

Solución

(a) La superficie la podemos expresar como $r^2 = 3^2 \leftrightarrow x^2 + y^2 + z^2 = 3^2$, así que estamos ante una esfera centrada en $(0, 0, 0)$ de radio 3.

(b) La superficie la podemos expresar como $z = x^2 + y^2$, así que estamos ante un paraboloide circular centrado en el origen.

(c) La superficie esférica mantiene constante el ángulo $\phi = \dfrac{\pi}{4}$ para cualquier valor de $r > 0$ y $\theta \in [0, 2\pi)$, por lo que estaremos ante un cono. En coordenadas cartesianas tendrá la expresión

$$\begin{cases} x = r \sin\left(\dfrac{\pi}{4}\right) \cos(\theta) = \dfrac{\sqrt{2}}{2} r \cos(\theta), \\[2mm] y = r \sin\left(\dfrac{\pi}{4}\right) \sin(\theta) = \dfrac{\sqrt{2}}{2} r \sin(\theta), \\[2mm] z = r \cos\left(\dfrac{\pi}{4}\right) = \dfrac{\sqrt{2}}{2} r. \end{cases}$$

23

Veamos si cumple la ecuación del cono:

$$x^2 + y^2 = \frac{r^2 \cos^2(\theta)}{2} + \frac{r^2 \sin^2(\theta)}{2} = \frac{r^2}{2} = z^2.$$

Problema 20

Indica cuál de las siguientes opciones es equivalente a $\phi = \dfrac{\pi}{6}$ en coordenadas esféricas:

(i) $z = \sqrt{x^2 + y^2}$ en coordenadas cartesianas,
(ii) $z = 3r$ en coordenadas cilíndricas,
(iii) $z = \sqrt{r}$ en coordenadas cilíndricas,
(iv) $z^2 = 3(x^2 + y^2)$ en coordenadas cartesianas,
(v) Ninguna de las anteriores.

Solución

Para transformar $\phi = \dfrac{\pi}{6}$ a coordenadas cilíndricas, utilizamos que $\tan \phi = \dfrac{r}{z}$. Así,
$\tan \dfrac{\pi}{6} = \dfrac{\sqrt{3}}{3} = \dfrac{r}{z}$, por lo que $z = \sqrt{3}r$. Esto descarta las opciones (ii) y (iii).

Al transformar la expresión en coordenadas cartesianas, utilizamos la igualdad en coordenadas cilíndricas, además de que $r^2 = x^2 + y^2$.

De este modo, $z = \sqrt{3(x^2 + y^2)}$. La opción (i) queda eliminada; además, no es es equivalente a $z^2 = 3(x^2 + y^2)$, ya que esta expresión incluye tanto a $z = +\sqrt{3(x^2 + y^2)}$ como a $z = -\sqrt{3(x^2 + y^2)}$, esto descarta la opción (iv). Así, la respuesta correcta es la (v).

1.2 Problemas propuestos

1 Obtén la ecuación paramétrica de la recta que:

(a) pasa por el origen y por el punto $(4, 3, -1)$,

(b) pasa por el punto $(6, -5, 2)$ y es paralela al vector $\vec{v} = \left(1, 3, -\dfrac{2}{3}\right)$,

(c) pasa por el punto $(1, -1, 1)$ y es paralela a la recta $x+2 = \dfrac{y}{2} = z-3$,

(d) es intersección de los planos $x + 2y + 3z = 1$ y $x - y + z = 1$.

Solución
(a) $r(t) = t(4, 3, -1)$, (b) $r(t) = (6, -5, 2) + t(3, 9, -2)$,
(c) $r(t) = (1, -1, 1) + t(1, 2, 1)$, (d) $r(t) = (1, 0, 0) + t(-5, -2, 3)$.

2 Determina si las rectas r_1 y r_2 son paralelas, oblicuas o se cortan en un punto:

(a) $r_1(t) = (3 + 2t, 4 - t, 1 + 3t)$, $r_2(s) = (1 + 4s, 3 - 2s, 4 + 5s)$,

(b) $r_1(t) = (5 - 12t, 3 + 9t, 1 - 3t)$, $r_2(s) = (3 + 8s, -6s, 7 + 2s)$,

(c) $r_1 : x - 2 = \dfrac{3 - y}{2} = \dfrac{1 - z}{3}$, $r_2 : x - 3 = \dfrac{y + 4}{3} = \dfrac{2 - z}{7}$,

(d) $r_1 : x = 1 - y = \dfrac{z - 2}{3}$, $r_2 : \dfrac{x - 2}{2} = \dfrac{3 - y}{2} = \dfrac{z}{7}$.

Solución
(a) Oblicuas, (b) Oblicuas, (c) Se cortan en $(4, -1, -5)$, (d) Oblicuas.

3 Obtén la ecuación del plano que:

(a) pasa por el origen y es perpendicular a $\vec{v} = (1, -2, 5)$,
(b) pasa por el punto $(2, 4, 6)$ y es paralelo al plano $z = x + y$,
(c) pasa por los puntos $(0, 1, 1)$, $(1, 0, 1)$ y $(1, 1, 0)$,
(d) pasa por el punto $(-1, 2, 1)$ y contiene a la recta intersección de los planos. $x + y - z = 2$ y $2x - y + 3z = 1$.

Solución
(a) $x - 2y + 5z = 0$, (b) $x + y - z = 0$,
(c) $x + y + z = 2$, (d) $-x + 2y - 4z = 1$.

25

4 Obtén el punto de intersección entre la recta r y el plano Π:

(a) $r(t) = (3 - t, 2 + t, 5t), \Pi : x - y + 2z = 9,$
(b) $r(t) = (1 + 2t, 4t, 2 - 3t), \Pi : x + 2y - z + 1 = 0,$
(c) $r : x = y - 1 = 2z, \Pi : 4x - y + 3z = 8.$

Solución
(a) $(2, 3, 5),$ (b) $(1, 0, 2),$ (c) $(2, 3, 1).$

5 Determina la distancia entre el punto P y el plano Π:

(a) $P = (1, -2, 4), \Pi : 3x + 2y + 6z = 5,$
(b) $P = (-6, 3, 5), \Pi : x - 2y - 4z = 8.$

Solución

(a) $d(P, \Pi) = \dfrac{18}{7},$ (b) $d(P, \Pi) = \dfrac{40}{\sqrt{21}}.$

6 Determina la distancia entre los planos Π_1 y Π_2

(a) $\Pi_1 : 2x - 3y + z = 4, \Pi_2 : 4x - 6y + 2z = 3$
(b) $\Pi_1 : 6z = 4y - 2x, \Pi_2 : 9z = 1 - 3x + 6y$

Solución

(a) $d(\Pi_1, \Pi_2) = \dfrac{5}{2\sqrt{14}},$ (b) $d(\Pi_1, \Pi_2) = \dfrac{1}{3\sqrt{14}}.$

| 7 | Obtén dos planos paralelos a $x + 2y - 2z = 1$ que estén a dos unidades de él. |

Solución

$x + 2y - 2z = 7$ y $x + 2y - 2z = -5$.

| 8 | Haz un esbozo gráfico de cada una de las siguientes superficies y describe lo que se obtiene al intersectar con el plano indicado. |

(a) $x^2 + \dfrac{y^2}{16} + z^2 = 1$, $y = 0$, (b) $\dfrac{x^2}{4} + \dfrac{y^2}{25} - 5z^2 = 1$, $x = 0$,

(c) $y = 3x^2$, $y = 27$, (d) $z = \dfrac{x^2}{4} + \dfrac{y^2}{9}$, $x = 10$.

Solución

(a) Circunferencia en el plano XZ centrada en $(x, z) = (0, 0)$ de radio unidad,
(b) Hipérbola en el plano YZ con cortes en $(y, z) = (\pm 5, 0)$,
(c) Rectas $r(t) = (\pm 3, 27, 0) + t(0, 0, 1)$,
(d) Parábola en el plano $x = 10$ centrada en $y = 0$.

| 9 | Identifica las siguientes superficies cuadráticas: |

(a) $x^2 + 2y^2 - 4z^2 = 8$,
(b) $x^2 + 4y^2 - 4z^2 - 6x - 16y - 16z + 5 = 0$,
(c) $y^2 + z^2 - 2x = 0$.

Solución

(a) Hiperboloide de una hoja,
(b) Hiperboloide de una hoja,
(c) Paraboloide circular.

| 10 | Identifica las siguientes superficies cuadráticas: |

(a) $x^2 + y^2 + z^2 - 2x + 6z + 6 = 0$,
(b) $x^2 - 4x + y^2 - z^2 + 4 = 0$,
(c) $x^2 + y^2 - z^2 + 4x - y - \dfrac{71}{4} = 0$.

Solución

(a) Esfera centrada en $(1, 0, -3)$ de radio 2,

(b) Cono circular centrado en $(2, 0)$,

(c) Hiperboloide de una hoja circular centrado en $\left(2, -\dfrac{1}{2}, 0\right)$ de radio $\sqrt{22}$.

---

11 Identifica las siguientes superficies cilíndricas:
(a) $x^2 + z = 1$, (b) $4x^2 + y^2 = 36$, (c) $x^2 + 4z^2 = 16$.

Solución

(a) Cilindro parabólico, (b) Cilindro elíptico, (c) Cilindro elíptico.

---

12 Indica la expresión en coordenadas cilíndricas de las siguientes superficies.
(a) $\{(x, y, z) \in \mathbb{R}^3 : z = 1\}$, (b) $\{(x, y, z) \in \mathbb{R}^3 : x = y\}$.

Solución

(a) $z = 1$, $\rho \geq 0, \theta \in [0, 2\pi]$, (b) $\theta = \dfrac{\pi}{4}$, $\rho \geq 0, z \in \mathbb{R}$.

---

13 Identifica las siguientes superficies en coordenadas cilíndricas y esféricas.
(a) $r^2 = 9$, (b) $\cos^2(\phi) = \sin^2(\phi)$, (c) $\rho^2 = 1 - z^2$.

Solución

(a) Esfera centrada en el origen de radio 3,

(b) Cono circular centrado en el origen,

(c) Hiperboloide de una hoja centrado en el origen.

---

14 Identifica las siguientes superficies cuadráticas.
(a) $\rho = 9$, (b) $\theta = \dfrac{\pi}{3}$, (c) $r = \dfrac{1}{\sin(\phi)}$.

Solución

(a) Cilindro circular centrado en el origen de radio 9,

(b) Semiplano vertical $\sqrt{3}x - y = 0, x \geq 0$,

(c) Cilindro circular centrado en el origen de radio 1.

15 Identifica las superficies y determina su expresión en coordenadas esféricas.
(a) $z = x^2 - y^2$, (b) $z^2 = x^2 + y^2$.

Solución

(a) Paraboloide hiperbólico, $\rho = \dfrac{\cos(\phi)}{\sin^2(\phi)\cos(2\theta)}$,

(b) Cono circular centrado en el origen, $\sin^2(\phi) = \dfrac{1}{2}$.

Capítulo 2

Funciones de varias variables

En el mundo real resulta poco frecuente la modelización de problemas físicos con funciones en las que solo varía una magnitud; en la mayoría de procesos interviene más de una variable, por lo que resulta necesario conocer cómo formular este tipo de problemas.

Las funciones de varias variables son la extensión de las funciones de una variable. Es por ello que aparecerán de nuevo conceptos como dominio e imagen. También es necesario reformular el concepto de límite y de continuidad desde una perspectiva multidimensional.

2.1   Problemas resueltos

Abordamos en este segundo capítulo la introducción a funciones de varias variables. Partiendo de las características de las funciones escalares de dos variables $f : A \subseteq \mathbb{R}^2 \to \mathbb{R}$, presentamos una serie de ejercicios que permiten asimilar los conceptos de dominio, imagen o curvas de nivel; en algunos casos utilizaremos los cambios de variable vistos en el capítulo anterior.

A continuación introducimos el concepto de límite y estrategias tanto para descartar la existencia de un límite como para calcular su valor. Esta descripción nos permitirá diferenciar si una función es continua o no lo es.

Los problemas del 21 en adelante se corresponden con problemas que han aparecido en diferentes exámenes de la asignatura.

2.1.1   Funciones de dos variables

Problema 1

Determina el dominio de las siguientes funciones.

(a) $f(x,y) = \sqrt{a^2 - x^2 - y^2}$,   (b) $f(x,y) = \arcsin\left(\dfrac{x}{y^2}\right)$,

(c) $f(x,y) = \dfrac{1}{\sqrt{x^2 + y^2 - 1}}$,   (d) $f(x,y) = \sqrt{\cos(x^2 + y^2)}$.

Solución

(a) El radicando tiene que ser mayor o igual a 0, de modo que

$$a^2 - x^2 - y^2 \geq 0 \leftrightarrow a^2 \geq x^2 + y^2,$$

es decir, el círculo centrado en el origen de radio a, incluida su frontera:

$$\text{Dom}\{z\} = \{(x,y) \in \mathbb{R}^2 : x^2 + y^2 \leq a^2\}.$$

(b) La función $f(t) = \arcsin(t)$ tiene como dominio los valores que puede tomar el seno, es decir, $\text{Dom}\{f\} = [-1, 1]$. En este caso, la variable $t = \dfrac{x}{y^2}$, de modo que

$$-1 \leq \frac{x}{y^2} \leq 1 \leftrightarrow -y^2 \leq x \leq y^2.$$

Además, debemos tener la precaución de que el denominador de $\dfrac{x}{y^2}$ no se anule, por lo que $y \neq 0$. Así, el dominio será

$$\text{Dom}\{z\} = \{(x,y) \in \mathbb{R}^2 : -y^2 \leq x \leq y^2, y \neq 0\}.$$

(c) El radicando debe ser mayor que cero; en este caso no puede ser igual a cero dado que se encuentra en el denominador.

$$x^2 + y^2 - 1 > 0 \leftrightarrow x^2 + y^2 > 1,$$

es decir, la parte exterior del círculo centrado en el origen de radio 1, sin incluir la frontera:

$$\text{Dom}\{z\} = \{(x,y) \in \mathbb{R}^2 : x^2 + y^2 > 1\}.$$

(d) El radicando tiene que ser mayor o igual a cero.

$$\cos(x^2 + y^2) \geq 0 \leftrightarrow -\frac{\pi}{2} \leq x^2 + y^2 \leq \frac{\pi}{2}.$$

Si en lugar de trabajar en el intervalo $-\pi \leq x^2 + y^2 \leq \pi$ trabajamos con todos los reales, el dominio de la función será

$$\text{Dom}\{u\} = \left\{(x,y) \in \mathbb{R}^2 : (2k-1)\frac{\pi}{2} \leq x^2 + y^2 \leq (2k+1)\frac{\pi}{2}, k \in \mathbb{Z}\right\}.$$

La figura representa en negro los dominios de cada una de las funciones anteriores.

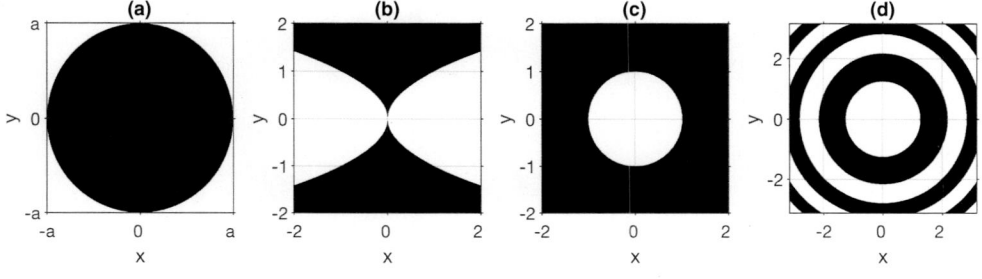

Problema 2

Determina las curvas de nivel de las siguientes funciones:
(a) $z = x^2 + y^2$, (b) $z = 2x + y$, (c) $z = \dfrac{x}{y}$, (d) $z = \ln\left(\dfrac{y}{x}\right)$, (e) $z = e^{xy}$.

Solución

Para obtener las curvas de nivel, fijamos el valor de la función en un valor real y constante c.

(a) La expresión $x^2 + y^2 = c$ da lugar a circunferencias centradas en el origen de radio $\sqrt{c}$, tomando $c > 0$.

(b) A partir de $2x + y = c$, despejamos y y obtenemos $y = -2x + c$. Asignándole diferentes valores a c observamos una familia de rectas paralelas de pendiente -2.

(c) La expresión $\dfrac{x}{y} = c \leftrightarrow y = \dfrac{x}{c}$ es una familia de rectas que pasan por el origen de pendiente $\dfrac{1}{c}$.

(d) Desarrollando $\ln\left(\dfrac{y}{x}\right) = c \leftrightarrow \dfrac{y}{x} = e^c \overset{e^c=k}{\longleftrightarrow} y = kx$ es una familia de rectas que pasan por el origen de pendiente $e^c = k > 0$.

(e) La expresión $c = e^{xy} \leftrightarrow \ln(c) = xy \overset{k=\ln(c)}{\longleftrightarrow} y = \dfrac{k}{x}$ da lugar a

- para $k \neq 0 : c \neq 1 \rightarrow$ hipérbolas equiláteras;

- para $k = 0 : c = 1 \rightarrow$ ejes coordenados.

Problema 3

Para las siguientes superficies $z = f(x, y)$ obtén el dominio de la función e indica qué representan sus curvas de nivel.

(a) $x^2 + y^2 + z^2 + 2x - 6y + 8 = 0$,

(b) $x^2 + y^2 - 3z^2 + 6z - 3 = 0$,

(c) $z^2 - x^2 - y^2 - x - 4y + 15/4 = 0$.

Solución

(a) Manipulando algebráicamente la ecuación y expresando la superficie como una función de dos variables $z = f(x, y)$ tenemos

$$(x + 1)^2 + (y - 3)^2 + z^2 = 2 \leftrightarrow z^2 = 2 - (x + 1)^2 - (y - 3)^2 \leftrightarrow$$

$$\leftrightarrow f(x, y) = z = \pm\sqrt{2 - (x + 1)^2 - (y - 3)^2}.$$

El dominio son los puntos en los que el radicando es mayor o igual a 0, de modo que

$$2 - (x + 1)^2 - (y - 3)^2 \geq 0 \leftrightarrow (x + 1)^2 + (y - 3)^2 \leq 2,$$

es decir, $\text{Dom}\{f\} = \{(x, y) \in \mathbb{R}^2 : (x+1)^2 + (y-3)^2 \leq 2\}$, que interpretamos como los puntos del círculo de centro $(-1, 3)$ y radio $\sqrt{2}$.

Las curvas de nivel vienen dadas por

$$k = \pm\sqrt{2 - (x + 1)^2 - (y - 3)^2} \leftrightarrow k^2 = 2 - (x + 1)^2 - (y - 3)^2 \leftrightarrow$$
$$\leftrightarrow (x + 1)^2 + (y - 3)^2 = 2 - k^2,$$

tratándose de circunferencias concéntricas centradas en $(-1, 3)$ de radio $\sqrt{2 - k^2}$.

(b) Expresando la superficie como una función de dos variables $z = f(x, y)$ tenemos

$$x^2 + y^2 - 3(z - 1)^2 = 0 \leftrightarrow f(x, y) = z = 1 \pm \sqrt{\frac{x^2 + y^2}{3}}.$$

El dominio son los puntos en los que el radicando es mayor o igual a 0, que se cumple para cualquier punto $(x, y) \in \mathbb{R}^2$ de modo que $\text{Dom}\{f\} = \mathbb{R}^2$.

Las curvas de nivel vienen dadas por

$$k = 1 \pm \sqrt{\frac{x^2 + y^2}{3}} \leftrightarrow 3(k - 1)^2 = x^2 + y^2,$$

tratándose de circunferencias concéntricas centradas en el origen de radio $\sqrt{3}(k - 1)$.

(c) Expresando la superficie como una función de dos variables $z = f(x, y)$ tenemos

$$\left(x + \frac{1}{2}\right)^2 + (y + 2)^2 - z^2 = 8 \leftrightarrow z^2 = \left(x + \frac{1}{2}\right)^2 + (y + 2)^2 - 8 \leftrightarrow$$

$$\leftrightarrow f(x, y) = z = \pm\sqrt{\left(x + \frac{1}{2}\right)^2 + (y + 2)^2 - 8}.$$

El dominio son los puntos en los que el radicando es mayor o igual a 0, de modo que

$$\left(x + \frac{1}{2}\right)^2 + (y + 2)^2 - 8 \geq 0 \leftrightarrow \left(x + \frac{1}{2}\right)^2 + (y + 2)^2 \geq 8,$$

es decir, $\text{Dom}\{f\} = \{(x, y) \in \mathbb{R}^2 : \left(x + \frac{1}{2}\right)^2 + (y + 2)^2 \geq 8\}$, que interpretamos como los puntos exteriores al círculo de centro $\left(-\frac{1}{2}, -2\right)$ y radio $\sqrt{8}$.

Las curvas de nivel vienen dadas por

$$k = \pm\sqrt{\left(x + \frac{1}{2}\right)^2 + (y+2)^2 - 8} \leftrightarrow k^2 = \left(x + \frac{1}{2}\right)^2 + (y+2)^2 - 8 \leftrightarrow$$
$$\leftrightarrow k^2 + 8 = \left(x + \frac{1}{2}\right)^2 + (y+2)^2$$

tratándose de circunferencias concéntricas centradas en $\left(-\frac{1}{2}, -2\right)$ de radio $\sqrt{k^2 + 8}$.

Problema 4

Haz un cambio de coordenadas para obtener la superficie $z = f(x, y)$, obtén su dominio e indica qué representan sus curvas de nivel.
(a) $r = 3$,   (b) $z = \rho^2$,   (c) $\phi = \frac{\pi}{4}$.

Solución

(a) Cambiamos a coordenadas cartesianas y expresamos la superficie como una función de dos variables $z = f(x, y)$, obteniendo

$$r^2 = 9 \leftrightarrow x^2 + y^2 + z^2 = 9 \leftrightarrow z^2 = 9 - x^2 - y^2 \leftrightarrow$$
$$\leftrightarrow f(x, y) = z = \sqrt{9 - x^2 - y^2}.$$

El dominio son los puntos en los que el radicando es mayor o igual a 0, de modo que
$$9 - x^2 - y^2 \geq 0 \leftrightarrow x^2 + y^2 \leq 9,$$

es decir, $\mathrm{Dom}\{f\} = \{(x, y) \in \mathbb{R}^2 : x^2 + y^2 \leq 9\}$, que interpretamos como los puntos del círculo de centro $(0, 0)$ y radio 3.

Las curvas de nivel vienen dadas por
$$k = \sqrt{9 - x^2 - y^2} \leftrightarrow k^2 = 9 - x^2 - y^2 \leftrightarrow x^2 + y^2 = 9 - k^2,$$

tratándose de circunferencias concéntricas centradas en el origen de radio $\sqrt{9 - k^2}$.

(b) Repitiendo el proceso del apartado anterior, tenemos

$$z = \rho^2 \leftrightarrow f(x,y) = z = x^2 + y^2,$$

siendo su dominio $\text{Dom}\{f\} = \mathbb{R}^2$.

Las curvas de nivel vienen dadas por

$$k = x^2 + y^2,$$

tratándose de circunferencias concéntricas centradas en el origen de radio $\sqrt{k}$.

(c) Haciendo el cambio a coordenadas cartesianas,

$$\begin{cases} x = r\sin\left(\dfrac{\pi}{4}\right)\cos(\theta) = r\dfrac{\sqrt{2}}{2}\cos(\theta), \\[2mm] y = r\sin\left(\dfrac{\pi}{4}\right)\sin(\theta) = r\dfrac{\sqrt{2}}{2}\sin(\theta), \\[2mm] z = r\cos\left(\dfrac{\pi}{4}\right) = r\dfrac{\sqrt{2}}{2}, \end{cases}$$

de modo que $x = z\cos(\theta)$ e $y = z\sin(\theta)$. Como $r^2 = x^2 + y^2 + z^2$,

$$x^2 + y^2 + z^2 = z^2\cos^2(\theta) + z^2\sin^2(\theta) + z^2 = 2z^2 \leftrightarrow x^2 + y^2 = z^2.$$

Expresando la superficie como una función de dos variables $z = f(x,y)$ tenemos

$$z^2 = x^2 + y^2 \leftrightarrow z = f(x,y) = +\sqrt{x^2 + y^2}.$$

El dominio son los puntos en los que el radicando es mayor o igual a 0, de modo que

$$x^2 + y^2 \geq 0,$$

es decir, $\text{Dom}\{f\} = \{(x,y) \in \mathbb{R}^2\}$.

Las curvas de nivel vienen dadas por

$$k = \sqrt{x^2 + y^2} \leftrightarrow k^2 = x^2 + y^2,$$

tratándose de circunferencias concéntricas centradas en $(0,0)$ de radio k.

2.1.2   Límites de funciones de dos variables

Problema 5

Calcula el límite de $f(x, y)$ en el punto P.

(a) $f(x, y) = \dfrac{x^5 y^3 - x^3 y^5}{x^6 y^4 - x^4 y^6}$, $P = (1, 1)$,   (b) $f(x, y) = \dfrac{2x^2 + y^4}{3x^2 - 5y^4}$, $P = (0, 0)$,

(c) $f(x, y) = \dfrac{5x^3 + 7y^3}{2x^3 + 3y^3}$, $P = (0, 0)$,   (d) $f(x, y) = \dfrac{3x - 12y}{x^2 - 16y^2}$, $P = (4, 1)$.

Solución

Cuando reemplazar en el punto no sea suficiente, calcularemos los límites tomando diferentes direcciones .

(a) El valor de la función en el punto, $f(1, 1)$, da como resultado la indeterminación $\dfrac{0}{0}$.

$$\lim_{(x,y)\to(1,1)} \frac{x^5 y^3 - x^3 y^5}{x^6 y^4 - x^4 y^6} = \lim_{(x,y)\to(1,1)} \frac{x^3 y^3 (x^2 - y^2)}{x^4 y^4 (x^2 - y^2)} = 1.$$

(b) El valor de la función en el punto, $f(0, 0)$, da como resultado la indeterminación $\dfrac{0}{0}$.

$$\lim_{(x,y)\to(0,0)} \frac{2x^2 + y^4}{3x^2 - 5y^4} \overset{x=ky^2}{=\!=\!=} \lim_{y\to 0} \frac{y^4(2k^2 + 1)}{y^4(3k^2 - 5)} = \frac{2k^2 + 1}{3k^2 - 5}.$$

Como depende del valor k de la curva que tomemos, el límite no existe.

(c) El valor de la función en el punto, $f(0, 0)$, da como resultado la indeterminación $\dfrac{0}{0}$.

$$\lim_{(x,y)\to(0,0)} \frac{5x^3 + 7y^3}{2x^3 + 3y^3} \overset{y=kx}{=\!=\!=} \lim_{x\to 0} \frac{x^3(5 + 7k^3)}{x^3(2 + 3k^3)} = \frac{5 + 7k^3}{2 + 3k^3}.$$

Como depende del valor k de la curva que tomemos, el límite no existe.

(d) El valor de la función en el punto, $f(4,1)$, da como resultado la indeterminación $\dfrac{0}{0}$.

$$\lim_{(x,y)\to(4,1)} \frac{3x-12y}{x^2-16y^2} = \lim_{(x,y)\to(4,1)} \frac{3(x-4y)}{(x-4y)(x+4y)} = \lim_{(x,y)\to(4,1)} \frac{3}{x+4y} = \frac{3}{8}.$$

Problema 6

Calcula el límite de $f(x,y)$ en el punto $P=(0,0)$.

(a) $f(x,y) = \dfrac{\sin\left(x^2+y^2\right)\cos\left(x^2+y^2\right)}{x^2+y^2}$,

(b) $f(x,y) = \dfrac{x^3\cos\left(\dfrac{1}{x^2+y^2}\right)}{x^2+y^2}$,

(c) $f(x,y) = \dfrac{x^2}{1+x^2+y^2}$.

Solución

Calcularemos los límites aplicando cambio a coordenadas polares

$$x = \rho\cos(\theta),\, y = \rho\sin(\theta).$$

(a) El valor de la función en el punto, $f(0,0)$, da como resultado la indeterminación $\dfrac{0}{0}$.

$$\lim_{(x,y)\to(0,0)} \frac{\sin\left(x^2+y^2\right)\cos\left(x^2+y^2\right)}{x^2+y^2} \stackrel{\rho,\theta}{=\!=\!=} \lim_{\rho\to0} \frac{\sin(\rho^2)\cos(\rho^2)}{\rho^2} =$$

$$\stackrel{t\approx0:\ \sin(t)\approx t}{=\!=\!=\!=\!=\!=\!=\!=} \lim_{\rho\to0} \cos(\rho^2) = 1.$$

(b) La función no está definida en el punto $(0,0)$.

$$\lim_{(x,y)\to(0,0)} \frac{x^3\cos\left(\dfrac{1}{x^2+y^2}\right)}{x^2+y^2} \stackrel{\rho,\theta}{=\!=\!=} \lim_{\rho\to0} \frac{\rho^3\cos^3(\theta)\cos\left(\dfrac{1}{\rho^2}\right)}{\rho^2} =$$

$$= \lim_{\rho\to0} \rho\cos^3(\theta)\cos\left(\frac{1}{\rho^2}\right) = 0,$$

ya que es el producto de una función que tiende a cero por otra función acotada.

(c) En este caso, reemplazando la función en el punto vemos que $f(0,0) = 0$, de modo que

$$\lim_{(x,y)\to(0,0)} \frac{x^2}{1 + x^2 + y^2} = 0.$$

Problema 7

Calcula el límite de las siguientes funciones en el punto P.

(a) $f(x, y, z) = \dfrac{1 + e^{2z+xy}}{x^2 + y^2 + z^2}$, $P = (2, 1, 1)$,

(b) $f(x, y) = \dfrac{y^3 x - yx^3}{x^4 - y^4}$, $P = (1, 1)$,

(c) $f(x, y) = \dfrac{1 - \cos(x^2 + y^2)}{x^2 + y^2}$, $P = (0, 0)$.

Solución

(a) Hay casos, como este, en el que el límite puede calcularse reemplazando por el punto, ya que no hay ninguna indeterminación que eliminar:

$$\lim_{(x,y,z)\to(2,1,1)} \frac{1 + e^{2z+xy}}{x^2 + y^2 + z^2} = \frac{1 + e^4}{6}.$$

(b) Para evitar las indeterminaciones en este caso, podemos factorizar numerador y denominador y simplificar el cociente de polinomios:

$$\lim_{(x,y)\to(1,1)} \frac{y^3 x - yx^3}{x^4 - y^4} = \lim_{(x,y)\to(1,1)} \frac{yx(y^2 - x^2)}{(x^2 - y^2)(x^2 + y^2)}$$

$$= \lim_{(x,y)\to(1,1)} \frac{yx}{x^2 + y^2} = \frac{1}{2}.$$

(c) En este caso, la mejor opción es el paso del límite a coordenadas polares. Posteriormente, aparece una indeterminación, $\dfrac{\infty}{\infty}$ en un límite que ya es de una sola variable, y aplicamos la regla de L'Hôpital, cuantas veces sea necesario, para eliminarla:

$$\lim_{(x,y)\to(0,0)} \frac{1 - \cos(x^2 + y^2)}{x^2 + y^2} = \lim_{\rho\to 0} \frac{1 - \cos(\rho^2)}{\rho^2}$$

$$= \lim_{\rho\to 0} \frac{2\rho\sin(\rho^2)}{2\rho} = \lim_{\rho\to 0} \sin(\rho^2) = 0.$$

Problema 8

Sean $a, b \geq 0$. Prueba que

$$\lim_{(x,y)\to(0,0)} \frac{x^a y^b}{x^2 + y^2} = \begin{cases} 0, & a + b > 2, \\ \not\exists, & a + b \leq 2. \end{cases}$$

Solución
Utilizando coordenadas polares,

$$\lim_{(x,y)\to(0,0)} \frac{x^a y^b}{x^2 + y^2} \xlongequal{\rho,\theta} \lim_{\rho\to 0} \frac{\rho^{a+b} \cos^a(\theta) \sin^b(\theta)}{\rho^2} = \lim_{\rho\to 0} \rho^{a+b-2} \cos^a(\theta) \sin^b(\theta).$$

Sean $g(\rho) = \rho^{a+b-2}$ y $h(\theta) = \cos^a(\theta)\sin^b(\theta)$. El límite

$$\lim_{\rho\to 0} \rho^{a+b-2} \cos^a(\theta)\sin^b(\theta) = \lim_{\rho\to 0} g(\rho)h(\theta),$$

será cero cuando

$$\lim_{\rho\to 0} g(\rho) = 0,$$

ya que $h(\theta)$ es una función acotada en un entorno del $(0,0)$.

$$\lim_{\rho\to 0} g(\rho) = 0 \leftrightarrow \lim_{\rho\to 0} \rho^{a+b-2} = 0 \leftrightarrow a + b - 2 > 0 \leftrightarrow a + b > 2.$$

Para valores $a + b \leq 2$, el límite $\lim\limits_{\rho\to 0} g(\rho) \neq 0$, por lo que el valor del límite $\lim\limits_{\rho\to 0} g(\rho)h(\theta)$ depende de θ y, por tanto, no existe.

Problema 9

Sea la función $f(x,y) = \dfrac{x^3 + y^3}{x^2 + y^2}$.

(a) Prueba que $|x^3| \leq |x|(x^2 + y^2)$ y $|y^3| \leq |y|(x^2 + y^2)$,

(b) Demuestra que $|f(x,y)| \leq |x| + |y|$,

(c) Utiliza los resultados anteriores para demostrar que

$$\lim_{(x,y)\to(0,0)} f(x,y) = 0.$$

Solución

(a) Comencemos por la demostración de $|x^3| \leq |x|(x^2 + y^2)$.

$$|x^3| = |x|x^2 \overset{y^2 \geq 0}{\leq} |x|\left(x^2 + y^2\right).$$

La demostración de $|y^3| \leq |y|(x^2 + y^2)$ es similar,

$$|y^3| = |y|y^2 \overset{x^2 \geq 0}{\leq} |y|\left(x^2 + y^2\right).$$

(b) Veamos que $|f(x,y)| \leq |x| + |y|$.

$$|f(x,y)| = \left|\frac{x^3 + y^3}{x^2 + y^2}\right| = \frac{|x^3 + y^3|}{|x^2 + y^2|}.$$

Sobre el denominador, sabemos que $x^2 + y^2 \geq 0$, de modo que $|x^2 + y^2| = x^2 + y^2$. Por la desigualdad triangular, $|a + b| \leq |a| + |b|$; si $a = x^3$ y $b = y^3$, entonces $|x^3 + y^3| \leq |x^3| + |y^3|$.

$$|f(x,y)| = \frac{|x^3 + y^3|}{|x^2 + y^2|} \leq \frac{|x^3| + |y^3|}{x^2 + y^2}.$$

Utilizando los resultados del apartado (a),

$$|f(x,y)| \leq \frac{|x^3| + |y^3|}{x^2 + y^2} \leq \frac{|x|(x^2 + y^2) + |y|\left(x^2 + y^2\right)}{x^2 + y^2} = |x| + |y|.$$

(c) Aplicando la definición de límite, si para todo $\epsilon > 0$ existe un número $\delta > 0$ tal que si $0 < \|(x, y) - (0, 0)\| = \|(x, y)\| = \sqrt{x^2 + y^2} < \delta$, entonces

$$|f(x, y) - 0| = |f(x, y)| \overset{(b)}{\leq} |x| + |y| \leq x^2 + y^2 < \epsilon.$$

2.1.3 Continuidad de funciones de dos variables

Problema 10

Estudia la continuidad de las siguientes funciones.

(a) $f(x, y) = \begin{cases} \dfrac{2x^3 + y^2}{x^2 + 3y^2}, & (x, y) \neq (0, 0), \\ 0, & (x, y) = (0, 0). \end{cases}$

(b) $f(x, y) = \begin{cases} \dfrac{x^2 y^2}{2x^2 y^2 + (x + y)^4}, & (x, y) \neq (0, 0), \\ 0, & (x, y) = (0, 0). \end{cases}$

(c) $f(x, y) = \begin{cases} \dfrac{xy e^{x^2/y^2}}{2x^2 + y^2}, & (x, y) \neq (0, 0), \\ 0, & (x, y) = (0, 0). \end{cases}$

(d) $f(x, y) = \begin{cases} \dfrac{2x^2 - y^2}{x^2 + 2y^2}, & (x, y) \neq (0, 0), \\ 0, & (x, y) = (0, 0). \end{cases}$

Solución

En los cuatro casos, la función es continua en $\mathbb{R}^2$ excepto, quizá, en el punto $(0, 0)$, ya que en los casos (a), (b) y (d) se trata de un cociente entre polinomios, y en el caso (c) es un cociente entre un polinomio multiplicado por una exponencial cuyo argumento está definido y un polinomio.

Para que una función sea continua en un punto $(0, 0)$ se deben cumplir las tres condiciones

i) $f(x, y)$ debe estar definida en un entorno de $(0, 0)$,

ii) el límite $\lim\limits_{(x, y) \to (0, 0)} f(x, y) = L$ existe, y

iii) $f(0, 0) = L$.

Estudiemos la continuidad analizando los límites cuando $(x, y) \to (0, 0)$. En todos los casos, la función $f(x, y)$ está definida en $(0, 0)$; de hecho, $f(0, 0) = 0$. Así que calculemos el límite de la función $f(x, y)$ en un entorno del $(0, 0)$.

(a) Utilizando límites direccionales,

$$\lim_{(x,y) \to (0,0)} \frac{2x^3 + y^2}{x^2 + 3y^2} = \lim_{x \to 0} \left(\lim_{y \to 0} \frac{2x^3 + y^2}{x^2 + 3y^2} \right) = \lim_{x \to 0} \frac{2x^3}{x^2} = 0,$$

$$\lim_{(x,y) \to (0,0)} \frac{2x^3 + y^2}{x^2 + 3y^2} = \lim_{y \to 0} \left(\lim_{x \to 0} \frac{2x^3 + y^2}{x^2 + 3y^2} \right) = \lim_{y \to 0} \frac{y^2}{3y^2} = \frac{1}{3}.$$

Como los límites direccionales no coinciden, el límite $\lim\limits_{(x,y) \to (0,0)} f(x, y)$ no existe y, por tanto, f no es continua en el punto $(0, 0)$. Luego f es continua en $\mathbb{R}^2 \setminus \{(0, 0)\}$.

(b) Aproximándonos por $y = kx$,

$$\lim_{(x,y) \to (0,0)} \frac{x^2 y^2}{2x^2 y^2 + (x + y)^4} \overset{y=kx}{=\!=\!=} \lim_{x \to 0} \frac{k^2 x^4}{2k^2 x^4 + (1 + k)^4 x^4} = \frac{k^2}{2k^2 + (1 + k)^4}.$$

Como depende del valor k de la curva que tomemos, el límite $\lim\limits_{(x,y) \to (0,0)} f(x, y)$ no existe y, por tanto, f no es continua en el punto $(0, 0)$. Luego f es continua en $\mathbb{R}^2 \setminus \{(0, 0)\}$.

(c) Aproximándonos por $y = kx$,

$$\lim_{(x,y) \to (0,0)} \frac{xy e^{x^2/y^2}}{2x^2 + y^2} \overset{y=kx}{=\!=\!=} \lim_{x \to 0} \frac{kx^2 e^{1/k^2}}{x^2(2 + k^2)} = \frac{ke^{1/k^2}}{2 + k^2}.$$

Como depende del valor k de la curva que tomemos, el límite $\lim\limits_{(x,y) \to (0,0)} f(x, y)$ no existe y, por tanto, f no es continua en el punto $(0, 0)$. Luego f es continua en $\mathbb{R}^2 \setminus \{(0, 0)\}$.

(d) Aproximándonos por $y = kx$,

$$\lim_{(x,y) \to (0,0)} \frac{2x^2 - y^2}{x^2 + 2y^2} \overset{y=kx}{=\!=\!=} \lim_{x \to 0} \frac{2x^2 - k^2 x^2}{x^2 + 2k^2 x^2} = \frac{2 - k^2}{1 + 2k^2}.$$

Como depende del valor k de la curva que tomemos, el límite $\lim\limits_{(x,y)\to(0,0)} f(x,y)$ no existe y, por tanto, f no es continua en el punto $(0,0)$. Luego f es continua en $\mathbb{R}^2 \setminus \{(0,0)\}$.

Problema 11

Sea la función
$$f(x,y) = \begin{cases} \dfrac{y}{x}\sin(x^2+y^2), & x \neq 0, \\ 0, & x = 0. \end{cases}$$

(a) Calcula los límites iterados en $(0,0)$,
(b) Calcula el límite en $(0,0)$ cuando nos acercamos por las rectas $y = mx$,
(c) Calcula el límite en $(0,0)$ utilizando el cambio a coordenadas polares,
(d) Según los resultados anteriores, ¿qué puede decirse de la continuidad de la función en $(0,0)$?

Solución

(a) Los límites iterados son
$$\lim_{x\to 0}\left(\lim_{y\to 0}\frac{y}{x}\sin(x^2+y^2)\right) = \lim_{x\to 0}\frac{0}{x}\sin(x^2) = 0,$$
$$\lim_{y\to 0}\left(\lim_{x\to 0}\frac{y}{x}\sin(x^2+y^2)\right) = \infty.$$

Como los límites son distintos, podemos descartar la existencia del límite.

(b) Utilizando el camino $C : y = mx$,
$$\lim_{(x,mx)\to(0,0)}\frac{y}{x}\sin(x^2+y^2) = \lim_{x\to 0}\frac{mx}{x}\sin(x^2(1+m^2)) = \lim_{x\to 0} m\sin(x^2(1+m^2)).$$

Vemos que el límite depende de m (pensemos en la recta $x = 0$ que tiene $m = \infty$), por lo que el límite no existe.

(c) Utilizando coordenadas polares,
$$\lim_{\rho\to 0}\frac{\rho\sin(\theta)}{\rho\cos(\theta)}\sin(\rho^2) = \lim_{\rho\to 0}\tan(\theta)\sin(\rho^2).$$

Si $\tan(\theta)$ estuviera acotada, el límite sería 0; sin embargo, $\tan(\theta)$ no está acotada (pensemos en el caso $\theta = \dfrac{\pi}{2}$).

(d) Por cualquiera de los motivos esgrimidos en los apartados anteriores, podemos afirmar que la función no es continua en $(0,0)$, ya que no existe el límite en dicho punto.

Problema 12

Analiza la continuidad de la función

$$g(x,y) = \begin{cases} \dfrac{\sin^2(x-y)}{|x|+|y|}, & \text{si } (x,y) \neq (0,0), \\ 0, & \text{si } (x,y) = (0,0), \end{cases}$$

utilizando el criterio del emparedado.

Solución

La función es continua en $\mathbb{R}^2$ excepto, quizá, en el punto $(0,0)$, ya que es un cociente de funciones continuas y el denominador solo se anula en el punto $(0,0)$.

El criterio del emparedado indica que si $f(x,y) \leq g(x,y) \leq h(x,y)$ cuando $(x,y) \to (a,b)$ y

$$\lim_{(x,y)\to(a,b)} f(x,y) = \lim_{(x,y)\to(a,b)} h(x,y) = L,$$

entonces

$$\lim_{(x,y)\to(a,b)} g(x,y) = L.$$

La función $g(x,y)$ es mayor o igual a cero, ya que numerador y denominador son positivos. Por tanto, una cota inferior es $f(x,y) = 0$. Busquemos una función que acote superiormente a $g(x,y)$ y tienda a 0 cuando $(x,y) \to (0,0)$. Sabemos que para $z \approx 0$ se cumple que $\sin(z) \approx z$.

$$g(x,y) = \frac{\sin^2(x-y)}{|x|+|y|} \overset{\sin(z)\approx z}{\leq} \frac{(x-y)^2}{|x|+|y|} \leq \frac{(|x|+|y|)^2}{|x|+|y|} = |x|+|y| = h(x,y).$$

Así que

$$f(x,y) \leq g(x,y) \leq h(x,y) \leftrightarrow 0 \leq \frac{\sin^2(x-y)}{|x|+|y|} \leq |x|+|y|.$$

Calculemos los límites de f y h.

$$\lim_{(x,y)\to(0,0)} f(x,y) = \lim_{(x,y)\to(0,0)} 0 = 0,$$
$$\lim_{(x,y)\to(0,0)} h(x,y) = \lim_{(x,y)\to(0,0)} |x|+|y| = 0,$$

de modo que aplicando el criterio del emparedado,

$$\lim_{(x,y)\to(0,0)} g(x,y) = \lim_{(x,y)\to(0,0)} \frac{\sin^2(x-y)}{|x|+|y|} = 0.$$

Como $\lim_{(x,y)\to(0,0)} g(x,y) = g(0,0) = 0$, entonces la función $g(x,y)$ es continua en $(0,0)$. Luego f es continua en $\mathbb{R}^2$.

Problema 13

Estudia la continuidad de la función $f(x,y)$ según los valores de a, siendo $a \in \mathbb{R}$ con $a > 0$.

$$f(x,y) = \begin{cases} \dfrac{(xy)^a}{x^4+y^4}, & (x,y) \neq (0,0), \\ 0, & (x,y) = (0,0). \end{cases}$$

Solución

La función está definida en $\mathbb{R}^2$ y es continua en $\mathbb{R}^2$ excepto, quizá, en el punto $(0,0)$. Estudiemos la continuidad en el punto $(0,0)$.

$$\lim_{(x,y)\to(0,0)} \frac{(xy)^a}{x^4+y^4} = \lim_{\rho\to 0} \frac{\rho^{2a}\cos^a(\theta)\sin^a(\theta)}{\rho^4\left(\cos^4(\theta)+\sin^4(\theta)\right)} =$$

$$= \lim_{\rho\to 0} \rho^{2a-4} \frac{2^a\sin^a(2\theta)}{\left(\dfrac{1+\cos(2\theta)}{2}\right)^2 + \left(\dfrac{1-\cos(2\theta)}{2}\right)^2} = 2^a \lim_{\rho\to 0} \rho^{2a-4} \frac{\sin^a(2\theta)}{1+\cos^2(2\theta)}.$$

Para que el límite exista y tenga como valor $f(0,0) = 0$ debemos tener el producto de una función que tiende a 0 y otra que esté acotada. Para ello, la función que tiende a cero es

$$\lim_{\rho \to 0} \rho^{2a-4} = 0 \leftrightarrow 2a - 4 > 0 \leftrightarrow a > 2.$$

Ahora debemos comprobar que $\dfrac{\sin^a(2\theta)}{1 + \cos^2(2\theta)}$ está acotada. Comprobemos numerador y denominador.

$$-1 \le \sin(2\theta) \le 1 \leftrightarrow (-1)^a \le \sin^a(2\theta) \le 1^a \leftrightarrow a \in \mathbb{Z},$$
$$0 \le \cos^2(2\theta) \le 1 \leftrightarrow 1 \le 1 + \cos^2(2\theta) \le 2.$$

Numerador y denominador están acotados, y el denominador no se anula. Por tanto, la función

- es continua en $\mathbb{R}^2$ si $a > 2$,

- es continua en $\mathbb{R}^2 \sim \{(0,0)\}$ en otro caso.

Problema 14

Estudia la continuidad de la función

$$f(x,y) = \begin{cases} x, & \text{si } |x| \le |y|, \\ y, & \text{si } |x| > |y|, \end{cases}$$

en los puntos de las rectas $y = x$ e $y = -x$.

Solución

La figura representa la distribución del dominio. La zona sombreada se corresponde con $|x| > |y|$, y la zona sin sombrear con $|x| < |y|$.

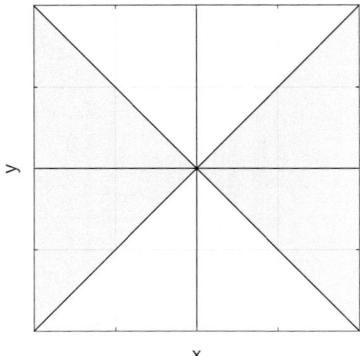

En la recta $y = x$ estaremos en la región $|x| \leq |y|$, por lo que $f(x, y) = x$. Los puntos tendrán la forma $(x, y) = (a, a)$. Analicemos su continuidad.

i) $f(x, y) = x, f(a, a) = a,$

ii) $\displaystyle\lim_{(x,y)\to(a,a)} f(x, y) = \lim_{(x,y)\to(a,a)} y = a.$

Por tanto, como la función y el límite coinciden, $f(x, y)$ es continua en los puntos de la recta $y = x$.

En la recta $y = -x$ estaremos de nuevo en la región $|x| \leq |y|$, por lo que $f(x, y) = x$. Los puntos tendrán la forma $(x, y) = (a, -a)$. Analicemos su continuidad.

i) $f(x, y) = x, f(a, -a) = a,$

ii) $\displaystyle\lim_{(x,y)\to(a,-a)} f(x, y) = \lim_{(x,y)\to(a,-a)} y = -a.$

La función y el límite solo coinciden para $a = 0$, así que $f(x, y)$ solo es continua en los puntos de la recta $y = -x$ cuando $x = y = 0$.

Problema 15

Sea
$$f(x,y) = \begin{cases} \dfrac{1 - \cos\left(\sqrt{x^2 + y^2}\right)}{x^2 + y^2}, & (x,y) \neq (0,0), \\ k, & (x,y) = (0,0). \end{cases}$$

Determina el valor de k para que la función sea continua en todo su dominio.

Solución

La función está definida en todo $\mathbb{R}^2$. Tanto el numerador como el denominador son continuos en $\mathbb{R}^2$, de modo que los únicos puntos en los que puede no haber continuidad son aquellos en los que se anule el denominador, y ese punto es el $(x,y) = (0,0)$.

Para que la función sea continua en $(0,0)$, se debe cumplir que

$$\lim_{(x,y)\to(0,0)} \frac{1 - \cos\sqrt{x^2 + y^2}}{x^2 + y^2} = k.$$

Calculemos el límite

$$\lim_{(x,y)\to(0,0)} \frac{1 - \cos\left(\sqrt{x^2 + y^2}\right)}{x^2 + y^2} \overset{\rho,\theta}{=\!=\!=} \lim_{\rho\to 0} \frac{1 - \cos\left(\rho\right)}{\rho^2} \overset{0/0:\text{LH}}{=\!=\!=\!=}$$

$$= \lim_{\rho\to 0} \frac{\sin\left(\rho\right)}{2\rho} \overset{0/0:\text{LH}}{=\!=\!=\!=} \lim_{\rho\to 0} \frac{\cos\left(\rho\right)}{2} = \frac{1}{2}.$$

Por tanto, para que f sea continua en $(0,0)$ y, por tanto en $\mathbb{R}^2$, se debe cumplir que $f(0,0) = k = \dfrac{1}{2}$.

Problema 16

Consideremos la función $f(x,y) = \dfrac{x^2 + y^2 - 1}{x^2 + \alpha x + 1}$. Determina valores de α para que

(a) f sea continua en $(0,0)$,
(b) f sea continua en todo $\mathbb{R}^2$.

Solución

(a) Vemos que $f(0,0) = -1$, así que f es continua en $(0,0)$ para cualquier valor de α.

(b) La función $f(x,y)$ es un cociente de polinomios, de modo que es continua en todo $\mathbb{R}^2$ excepto en los puntos en los que el denominador se anule.

$$x^2 + \alpha x + 1 = 0 \leftrightarrow x = \frac{-\alpha \pm \sqrt{\alpha^2 - 4}}{2}.$$

Si las raíces de $x^2 + \alpha x + 1$ son complejas, el denominador no se anulará. Esto sucede cuando

$$\alpha^2 - 4 < 0 \leftrightarrow \alpha^2 < 4 \leftrightarrow -2 < \alpha < 2.$$

De este modo, f es continua en $\mathbb{R}^2$ cuando $-2 < \alpha < 2$.

Problema 17

Consideremos las funciones $f(x,y) = \dfrac{(x-1)^3}{(x-1)^2 + y^2}$ y $g(x,y) = \dfrac{x^2}{x^2 + y^2}$.

(a) Utilizando coordenadas polares demuestra que

$$\lim_{(x,y)\to(1,0)} f(x,y) = 0$$

y que

$$\lim_{(x,y)\to(0,0)} g(x,y) \text{ no existe.}$$

(b) Define la función $f(x,y)$ de manera que sea continua en todo $\mathbb{R}^2$.

Solución

(a) Haciendo el cambio $x - 1 = \rho \cos(\theta), y = \rho \sin(\theta)$,

$$\lim_{(x,y)\to(1,0)} f(x,y) = \lim_{(x,y)\to(1,0)} \frac{(x-1)^3}{(x-1)^2 + y^2} \stackrel{\rho,\theta}{=\!=\!=} \lim_{\rho\to 0} \frac{\rho^3 \cos^3(\theta)}{\rho^2} =$$

$$= \lim_{\rho\to 0} \rho \cos^3(\theta) = 0.$$

Haciendo el cambio habitual $x = \rho \cos(\theta), y = \rho \sin(\theta)$,

$$\lim_{(x,y)\to(0,0)} g(x,y) = \lim_{(x,y)\to(0,0)} \frac{x^2}{x^2 + y^2} \stackrel{\rho,\theta}{=\!=\!=} \lim_{\rho\to 0} \frac{\rho^2 \cos^2(\theta)}{\rho^2} = \cos^2(\theta).$$

Como depende del valor θ que tomemos, el límite $\lim\limits_{(x,y)\to(0,0)} g(x,y)$ no existe.

(b) Debemos definir la función a trozos como

$$f(x,y) = \begin{cases} \dfrac{(x-1)^3}{(x-1)^2 + y^2}, & (x,y) \neq (1,0), \\ 0, & (x,y) = (1,0). \end{cases}$$

Problema 18

Considera la función de dos variables definida de la forma

$$f(x,y) = \begin{cases} \dfrac{x^3 y - xy^3}{x^2 - y^2}, & |x| \neq |y|, \\ 1, & |x| = |y|. \end{cases}$$

(a) Determina el dominio de la función f,
(b) Determina en qué puntos del dominio la función es continua y en cuáles no lo es,
(c) ¿Es una función acotada en su dominio?

Solución

Podemos simplificar el trozo correspondiente a $|x| \neq |y|$ como

$$\frac{x^3 y - xy^3}{x^2 - y^2} = \frac{xy(x^2 - y^2)}{x^2 - y^2} = xy,$$

de modo que la función a trozos queda como

$$f(x, y) = \begin{cases} xy, & |x| \neq |y|, \\ 1, & |x| = |y|. \end{cases}$$

(a) Con la nueva expresión de f vemos que el dominio es todo $\mathbb{R}^2$.

(b) Para que la función sea continua, debemos verificar si el límite de xy cuando se tiende a $|x| = |y|$ es 1. Las rectas $|x| = |y|$ son $y = x$ e $y = -x$.

- En la recta $y = x$ los puntos toman la forma $(x, y) = (a, a)$. Por tanto

$$\lim_{(x,y) \to (a,a)} xy = a^2 = 1 \leftrightarrow a = \pm 1.$$

- En la recta $y = -x$ los puntos toman la forma $(x, y) = (a, -a)$. Por tanto

$$\lim_{(x,y) \to (a,-a)} xy = -a^2 \neq 1.$$

De este modo, la función no es continua en las rectas $|x| = |y|$ a excepción de los puntos $(x, y) = (\pm 1, \pm 1)$. En el resto de puntos de $\mathbb{R}^2$ la función es continua.

(c) La función no está acotada en su dominio, puesto que existen puntos en los que la función puede tender a $\pm \infty$.

Problema 19

¿Es posible reescribir la función $f(x, y) = \dfrac{2x^3 + y^2}{x^2 + 3y^2}$ como función a trozos de forma que sea continua en todo $\mathbb{R}^2$?

Solución

El dominio de la función $f(x,y) = \dfrac{2x^3 + y^2}{x^2 + 3y^2}$ es $\mathbb{R}^2 \setminus (0,0)$, ya que en el origen no está definida, por anularse el denominador. Para poder construir una función a trozos que fuese continua en todo $\mathbb{R}^2$, debería cumplir:

(a) que exista el límite L de $f(x,y)$ que en origen,

(b) y que se defina la función en el origen con el valor del límite, L.

Así pues, comenzamos estudiando la existencia del límite de la función en el origen. Si utilizamos límites reiterados:

$$\lim_{x \to 0} \left(\lim_{y \to 0} \frac{2x^3 + y^2}{x^2 + 3y^2} \right) = \lim_{x \to 0} 2x = 0,$$

mientras que

$$\lim_{y \to 0} \left(\lim_{x \to 0} \frac{2x^3 + y^2}{x^2 + 3y^2} \right) = \lim_{y \to 0} \frac{y^2}{3y^2} = \frac{1}{3}.$$

Al no coincidir los límites reiterados, podemos afirmar que el límite de $f(x,y)$ no existe en el origen, por lo que no podemos construir la función a trozos que pide el enunciado.

Problema 20

¿Es posible reescribir la función $f(x,y) = \dfrac{2x^3 + y^2 x}{x^2 + y^2}$ como función a trozos de forma que sea continua en todo $\mathbb{R}^2$?

Solución

De forma análoga al Problema 19, analizamos en primer lugar el dominio de la función $f(x,y) = \dfrac{2x^3 + y^2 x}{x^2 + y^2}$. $\mathrm{Dom}\{f\} = \mathbb{R}^2 \setminus (0,0)$, ya que no está definida en el origen. Veamos a continuación si se satisfacen las condiciones necesarias para construir una función a trozos continua en $\mathbb{R}^2$ a partir de $f(x,y)$:

(a) que exista el límite L de $f(x,y)$ que en origen,

(b) y que se defina la función en el origen con el valor del límite, L.

Dado el denominador de la función, optamos por estudiar el límite mediante un paso a coordenadas polares:

$$\lim_{(x,y)\to(0,0)} \frac{2x^3 + y^2x}{x^2 + y^2} = \lim_{\rho\to 0} \frac{\rho^3 \cos(\theta)\left(2\cos^2(\theta) + \sin^2(\theta)\right)}{\rho^2} =$$

$$= \lim_{\rho\to 0} \rho\cos(\theta)\left(2\cos^2(\theta) + \sin^2(\theta)\right).$$

Dado que $\rho\cos(\theta)$ tiende a cero y $2\cos^2(\theta) + \sin^2(\theta)$ está acotado cuando ρ tiende a cero, podemos afirmar que

$$L = \lim_{(x,y)\to(0,0)} \frac{2x^3 + y^2x}{x^2 + y^2} = 0.$$

Por tanto, la función a trozos puede definirse como:

$$g(x,y) = \begin{cases} \dfrac{2x^3 + y^2x}{x^2 + y^2} & , \quad (x,y) \neq (0,0), \\ 0 & , \quad (x,y) = (0,0). \end{cases}$$

Por la forma en que se ha construido, podemos afirmar que $g(x,y)$ es continua en $(0,0)$ y en el resto de $\mathbb{R}^2$ lo es por ser un cociente de polinomios cuyo denominador no se anula.

Problema 21

Dada la función

$$f(x,y) = \frac{\cos\left(x^2 + y^2 + \dfrac{3\pi}{2}\right)}{x^2 + y^2},$$

analiza de forma razonada la continuidad de esta función en todo el plano $\mathbb{R}^2$. Si es posible extiende la definición de la función para que sea continua en todo el plano.

Solución

La función $f(x,y)$ está definida para todos los valores de $\mathbb{R}^2$ excepto para el $(0,0)$. Para que la función sea continua en todo el plano $\mathbb{R}^2$ es necesario definirla a trozos como

$$f(x,y) = \begin{cases} \dfrac{\cos\left(x^2 + y^2 + \dfrac{3\pi}{2}\right)}{x^2 + y^2}, & (x,y) \neq (0,0), \\ f(0,0), & (x,y) = (0,0), \end{cases}$$

y que el valor de $f(0,0)$ coincida con el límite de $\dfrac{\cos\left(x^2 + y^2 + \dfrac{3\pi}{2}\right)}{x^2 + y^2}$ cuando tendemos al $(0,0)$.

$$\lim_{(x,y)\to(0,0)} \frac{\cos\left(x^2 + y^2 + \dfrac{3\pi}{2}\right)}{x^2 + y^2} \stackrel{\rho,\theta}{=\!=\!=} \lim_{\rho\to 0} \frac{\cos\left(\rho^2 + \dfrac{3\pi}{2}\right)}{\rho^2} \stackrel{0/0:LH}{=\!=\!=}$$

$$= \lim_{\rho\to 0} \frac{-2\rho\sin\left(\dfrac{3\pi}{2}\right)}{2\rho} = -\sin\left(\frac{3\pi}{2}\right) = 1.$$

Por tanto, para que la función $f(x,y)$ sea continua en $\mathbb{R}^2$ la definimos como

$$f(x,y) = \begin{cases} \dfrac{\cos\left(x^2 + y^2 + \dfrac{3\pi}{2}\right)}{x^2 + y^2}, & (x,y) \neq (0,0), \\ 1, & (x,y) = (0,0). \end{cases}$$

Problema 22

Consideremos la siguiente función de dos variables

$$f(x,y) = \begin{cases} \dfrac{xy}{x^2 + xy + y^2}, & (x,y) \neq (0,0), \\ 0, & (x,y) = (0,0). \end{cases}$$

(a) Determina el dominio y la imagen de la función f,
(b) Estudia la continuidad de la función f en el origen de coordenadas.

Solución

(a) El dominio de la función será $\mathbb{R}^2$ a excepción de los puntos en los que el denominador se anule; sin embargo, el denominador solo se anula en el $(0,0)$, y para ese punto la función viene dada por el valor 0. Por tanto, el dominio de la función es $\mathbb{R}^2$.

La imagen de la función es $\mathbb{R}$.

(b) Para que la función f sea continua en $(0,0)$, el límite de la función debe coincidir con su valor en $(0,0)$.

$$\lim_{(x,y)\to(0,0)} \frac{xy}{x^2+xy+y^2} \overset{y=mx}{=\!=\!=} \lim_{x\to 0} \frac{mx^2}{x^2+mx^2+m^2x^2} = \frac{m}{1+m+m^2}.$$

Como el límite depende de m, entonces no existe y, por tanto, f no es continua en el origen de coordenadas.

Problema 23

Consideremos la función $f(x,y) = +\sqrt{(x-1)y}$.

(a) Determina su dominio y represéntalo en el plano $\mathbb{R}^2$,
(b) Calcula el conjunto imagen de f,
(c) Identifica las curvas de nivel de la superficie $z = f(x,y)$ y representa alguna de ellas,
(d) Analiza la continuidad de la función $h(x,y) = \dfrac{f(x,y)^2}{x^2+y^2}$, sabiendo que $h(0,0) = 0$.

Solución

(a) El dominio de f viene dado por el subconjunto de $\mathbb{R}^2$ de manera que el radicando sea no negativo, es decir $(x-1)y \geq 0$. Por lo tanto, puede expresarse como

$$Dom\{f\} = \{(x,y) \in \mathbb{R}^2 : \{x \geq 1 \text{ e } y \geq 0\} \cup \{x \leq 1 \text{ e } y \leq 0\}\}.$$

La zona sombreada muestra el conjunto D.

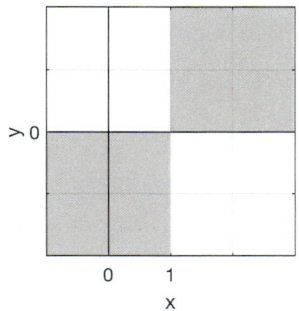

(b) La imagen de la función es $[0, +\infty)$.

(c) Obtenemos las curvas de nivel como

$$\sqrt{(x-1)y} = C \leftrightarrow (x-1)y = C^2 = K \leftrightarrow y = \frac{K}{x-1}.$$

Se trata de una familia de funciones racionales con asíntota vertical en $x = 1$.

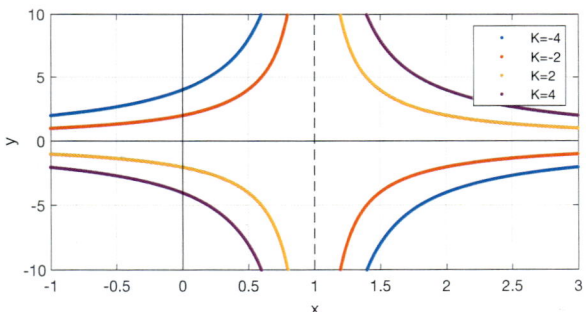

(d) La función $h(x, y)$ viene dada por

$$h(x,y) = \begin{cases} \dfrac{xy - y}{x^2 + y^2}, & (x,y) \neq (0,0), \\ 0, & (x,y) = (0,0). \end{cases}$$

La función $h(x, y)$ está definida en todo $\mathbb{R}^2$ y es continua, por ser cociente de polinomios, en todo el plano, excepto quizás en el origen. Para analizar la continuidad en el origen de coordenadas calculando el límite

$$\lim_{(x,y)\to(0,0)} \frac{xy - y}{x^2 + y^2}.$$

59

Sí analizamos los límites iterados tenemos que

$$\lim_{x\to 0}\left(\lim_{y\to 0}\frac{xy-y}{x^2+y^2}\right)=0$$

mientras que el otro límite iterado no existe, ya que

$$\lim_{y\to 0}\left(\lim_{x\to 0}\frac{xy-y}{x^2+y^2}\right)=\lim_{y\to 0}\frac{-1}{y},$$

por lo que la función no puede ser continua en el origen.

Problema 24

Indica el valor de a para que las siguientes funciones sean continuas en el punto $(0,0)$.

(a) $f(x,y)=\begin{cases}\dfrac{xy^2}{x^2+y^4}, & (x,y)\neq(0,0),\\ a, & (x,y)=(0,0),\end{cases}$

(b) $g(x,y)=\begin{cases}\dfrac{x^3y^2}{\cos(x^2+y^2)-1}, & (x,y)\neq(0,0),\\ a, & (x,y)=(0,0).\end{cases}$

Solución
Para que las funciones sean continuas en el $(0,0)$, el valor de la función en el punto y su límite deben coincidir.

(a) Para $f(x,y)$,

$$\lim_{(x,y)\to(0,0)}\frac{xy^2}{x^2+y^4}\overset{x=my^2}{=\!=\!=}\lim_{y\to 0}\frac{my^4}{m^2y^4+y^4}=\frac{m}{m^2+1}.$$

Como el límite depende de m, entonces no existe, luego $f(x,y)$ no será continua en $(0,0)$ para ningún valor de a.

(b) Para $g(x, y)$,

$$\lim_{(x,y)\to(0,0)} \frac{x^3 y^2}{\cos(x^2 + y^2) - 1} \stackrel{\rho,\theta}{=\!=\!=} \lim_{\rho\to 0} \frac{\rho^5 \cos^3(\theta) \sin^2(\theta)}{\cos(\rho^2) - 1} \underset{=\!=\!=}{0/0:\text{LH}}$$

$$= \lim_{\rho\to 0} \frac{5\rho^4 \cos^3(\theta) \sin^2(\theta)}{-2\rho \sin(\rho^2)} = -\frac{5}{2} \lim_{\rho\to 0} \frac{\rho^3 \cos^3(\theta) \sin^2(\theta)}{\sin(\rho^2)} \underset{=\!=\!=}{0/0:\text{LH}}$$

$$= -\frac{5}{2} \lim_{\rho\to 0} \frac{3\rho^2 \cos^3(\theta) \sin^2(\theta)}{2\rho \cos(\rho^2)} = -\frac{15}{4} \lim_{\rho\to 0} \frac{\rho \cos^3(\theta) \sin^2(\theta)}{\cos(\rho^2)} = 0.$$

Así pues, para que $g(x, y)$ sea continua en $(0, 0)$ se debe cumplir $a = 0$.

Problema 25

Consideremos la siguiente función de dos variables

$$f(x, y) = \begin{cases} \dfrac{2x^3}{x^2 + y^2}, & (x, y) \neq (0, 0), \\ 0, & (x, y) = (0, 0). \end{cases}$$

(a) Determina el dominio y la imagen de la función f,

(b) Estudia la continuidad de la función f en el origen de coordenadas,

(c) Identifica las curvas de nivel de la superficie $z = \dfrac{f(x, y)}{x^2}$, $x \neq 0$. Representa alguna de ellas.

Solución

(a) El dominio de la función será $\mathbb{R}^2$ a excepción de los puntos en los que el denominador se anule; sin embargo, el denominador solo se anula en el $(0, 0)$, y para ese punto la función viene dada por el valor 0. Por tanto, el dominio de la función es $\mathbb{R}^2$.

La imagen de la función es $\mathbb{R}$.

(b) Para que la función sea continua en el $(0,0)$, el valor de la función en el punto y su límite deben coincidir.

$$\lim_{(x,y)\to(0,0)} \frac{2x^3}{x^2+y^2} \overset{\rho,\theta}{=\!=\!=} \lim_{\rho\to 0} \frac{2\rho^3\cos^3(\theta)}{\rho^2} = \lim_{\rho\to 0} 2\rho\cos^3(\theta) = 0.$$

Como $f(0,0)$ y el límite de la función en el punto coinciden, entonces $f(x,y)$ es continua en el $(0,0)$.

(c) Como $x \neq 0$, la superficie es

$$z = \frac{f(x,y)}{x^2} = \frac{2x}{x^2+y^2}.$$

Encontramos las curvas de nivel como

$$\frac{2x}{x^2+y^2} = C \leftrightarrow \frac{2x}{C} = x^2 + y^2 \leftrightarrow x^2 - \frac{2x}{C} + y^2 = 0 \leftrightarrow$$

$$\leftrightarrow \left(x - \frac{1}{C}\right)^2 - \frac{1}{C^2} + y^2 = 0 \overset{R=1/C}{\longleftrightarrow} (x - R)^2 + y^2 = R^2.$$

Se trata de una familia de circunferencias centradas en $(x,y) = (R,0)$ de radio R.

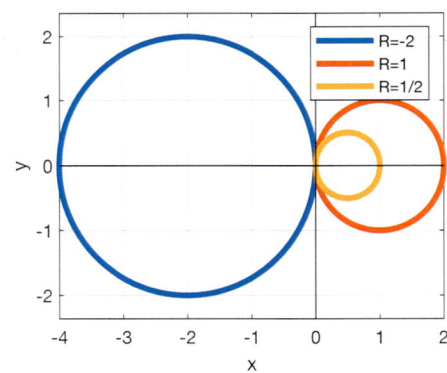

Problema 26

Consideremos la función

$$f(x,y) = \begin{cases} \dfrac{x^3}{y}, & y \neq 0, \\ 0, & \text{en otro caso.} \end{cases}$$

(a) Determina el dominio de la función f,
(b) Estudia la continuidad de f en todo su dominio.

Solución

(a) El dominio de la función será $\mathbb{R}^2$ a excepción de los puntos en los que el denominador se anule; sin embargo, el denominador solo se anula en $y = 0$, y para ese punto la función viene dada por el valor 0. Por tanto, el dominio de la función es $\mathbb{R}^2$.

(b) La función es continua en todo su dominio salvo, quizá, en $y = 0$. Para que la función sea continua en $y = 0$, el valor de la función en la recta y su límite deben coincidir.

$$\lim_{y \to 0} \frac{x^3}{y} = x^3 \lim_{y \to 0} \frac{1}{y} : \begin{cases} \lim\limits_{y \to 0^-} \dfrac{1}{y} = -\infty \\ \lim\limits_{y \to 0^+} \dfrac{1}{y} = +\infty \end{cases}$$

Así pues, el límite no existe y, en consecuencia, la función no es continua en los puntos $(x, y) = (x, 0)$. En el resto del dominio, la función sí es continua.

Problema 27

Consideremos la función $f(x,y) = \dfrac{x^4 + y^4}{x^2 + y^2}$.

(a) ¿Es continua la función f en todo su dominio?
(b) Calcula el límite de $f(x,y)$ cuando $(x,y) \to (0,0)$ acercándose por cualquier dirección rectilínea del haz de rectas que pasan por $(0,0)$. ¿Qué podemos concluir acerca del límite?
(c) Reescribe, si es posible, la función f para que sea continua en todo $\mathbb{R}^2$.

Solución

(a) El dominio de la función es $\text{Dom}\{f\} = \mathbb{R}^2 \setminus \{(0,0)\}$. En este dominio, la función f es continua por ser cociente de polinomios en los que el denominador no se anula.

(b) El límite es

$$\lim_{(x,kx)\to(0,0)} \frac{x^4 + k^4 x^4}{x^2 + k^2 x^2} = \lim_{(x,kx)\to(0,0)} x^2 \frac{1+k^4}{1+k^2} = 0.$$

Concluimos que, si existiese el límite, éste valdría 0. Pero no podemos asegurarlo, ya que nos acercamos al origen sólo mediante rectas.

(c) Para reescribir la función f de manera que sea continua en todo $\mathbb{R}^2$, debemos calcular el límite, mediante un paso a coordenadas polares:

$$\lim_{(x,y)\to(0,0)} \frac{x^4 + y^4}{x^2 + y^2} = \lim_{\rho \to 0} \rho^2 (\cos^4 \alpha + \sin^4 \alpha) = 0,$$

ya que ρ tiende a cero y $\cos^4 \alpha + \sin^4 \alpha$ está acotado para $\alpha \in [0, 2\pi[$. Por tanto, podemos reescribir f como una función a trozos donde $f(0,0) = 0$ y de este modo sería una función continua en todo el plano real:

$$f(x,y) = \begin{cases} \dfrac{x^4 + y^4}{x^2 + y^2}, & (x,y) \neq (0,0), \\ 0, & (x,y) = (0,0). \end{cases}$$

2.2 Problemas propuestos

1 Determina el dominio D y la imagen de las siguientes funciones.

(a) $f(x, y) = \cos(x + 2y)$,
(b) $g(x, y) = 1 + \sqrt{4 - y^2}$,
(c) $h(x, y) = \sqrt{x} + \sqrt{y} + \ln(4 - x^2 - y^2)$,
(d) $i(x, y) = x^3 y^2 \sqrt{10 - x - y}$.

Solución

(a) $\text{Dom}\{f\} = \mathbb{R}^2$, $\text{Im}\{f\} = [-1, 1]$,
(b) $\text{Dom}\{g\} = \{(x, y) \in \mathbb{R}^2 : -2 \leq y \leq 2\}$, $\text{Im}\{g\} = [1, 3]$,
(c) $\text{Dom}\{h\} = \{(x, y) \in \mathbb{R}^2 : x^2 + y^2 < 4, x \geq 0, y \geq 0\}$, $\text{Im}\{h\} = \mathbb{R}$,
(d) $\text{Dom}\{i\} = \{(x, y) \in \mathbb{R}^2 : y \leq 10 - x\}$, $\text{Im}\{i\} = \mathbb{R}$.

2 Indica qué representan las curvas de nivel de las siguientes funciones.
(a) $f(x, y) = (y - 2x)^2$, (b) $g(x, y) = \sqrt{x} + y$,
(c) $h(x, y) = x^3 - y$, (d) $i(x, y) = \sqrt{y^2 - x^2}$.

Solución

(a) Rectas paralelas de pendiente 2,
(b) Curvas $-\sqrt{x}$ a diferentes alturas,
(c) Polinomio x^3 a diferentes alturas,
(d) Parábolas a diferentes alturas.

3 Para las siguientes superficies $z = f(x, y)$ obtén el dominio e indica qué representan sus curvas de nivel.

(a) $x^2 + y^2 + z^2 - 2x + 6z + 6 = 0$,
(b) $x^2 - 4x + y^2 - z^2 + 4 = 0$,
(c) $x^2 + y^2 - z^2 + 4x - y - \dfrac{71}{4} = 0$.

Solución

(a) Esfera centrada en $(1, 0, -3)$ de radio 2. $\text{Dom}\{f\} = \{(x, y) \in \mathbb{R}^2 : (x-1)^2 + y^2 \leq 4\}$: círculo de centro $(1, 0)$ y radio 2. Curvas de nivel: circunferencias concéntricas centradas en $(1, 0)$ de radio $\sqrt{4 - (k+3)^2}$.

(b) Cono circular centrado en $(2, 0)$. $\text{Dom}\{f\} = \mathbb{R}^2$. Curvas de nivel: circunferencias concéntricas centradas en $(2, 0)$ de radio k.

(c) Hiperboloide de una hoja circular centrado en $\left(2, -\dfrac{1}{2}, 0\right)$ de radio $\sqrt{22}$.

$\text{Dom}\{f\} = \left\{(x, y) \in \mathbb{R}^2 : (x+2)^2 + \left(y + \dfrac{1}{2}\right)^2 \geq 22\right\}$: puntos exteriores al

círculo de centro $\left(-2, -\dfrac{1}{2}\right)$ y radio $\sqrt{22}$. Curvas de nivel: circunferencias

concéntricas centradas en $\left(-2, -\dfrac{1}{2}\right)$ de radio $\sqrt{k^2 + 22}$.

4 Calcula el límite de $f(x, y)$ en el punto P.

(a) $f(x, y) = \dfrac{y}{x} \sin(x^2 + y^2)$, $P = (0, 0)$,

(b) $f(x, y) = \dfrac{x^2 y^2}{x^2 y^2 + (x - y)^2}$, $P = (0, 0)$,

(c) $f(x, y) = \dfrac{x^2 \sin^2(y)}{x^2 + 2y^2}$, $P = (0, 0)$.

Solución

(a) No existe,   (b) No existe,   (c) 0.

5 Determina el conjunto de puntos en los cuales la función es continua.

(a) $f(x, y) = \dfrac{xy}{1 + e^{x-y}}$,

(b) $g(x, y) = \ln(x^2 + y^2 - 4)$,

(c) $h(x, y) = \begin{cases} \dfrac{x^2 y^3}{2x^2 + y^2}, & (x, y) \neq (0, 0), \\ 1, & (x, y) = (0, 0). \end{cases}$

Solución

(a) $\{(x, y) \in \mathbb{R}^2\}$,   (b) $\{(x, y) \in \mathbb{R}^2 : x^2 + y^2 > 4\}$,   (c) $\{(x, y) \in \mathbb{R}^2 \sim (0, 0)\}$.

6 Determina el conjunto de puntos en los cuales la función es continua.

$$f(x,y) = \begin{cases} 0, & y \leq 0 \text{ ó } y \geq x^4, \\ 1, & 0 < y < x^4. \end{cases}$$

Solución
La función es continua en todo $\mathbb{R}^2$ excepto en los puntos de las curvas $y = x^4$.

7 Determina el conjunto de puntos en los cuales la función es continua.

$$f(x,y) = \begin{cases} \dfrac{\sin(xy)}{x}, & x \neq 0, \\ y, & x = 0. \end{cases}$$

Solución
La función es continua en todo $\mathbb{R}^2$.

8 Determina el valor de a para que la función sea continua en $\mathbb{R}^2$.

$$f(x,y) = \begin{cases} \dfrac{(2^x - 1)\sin(y)}{xy}, & xy \neq 0, \\ a, & xy = 0. \end{cases}$$

Solución
$a = \ln(2)$.

9 Estudia la continuidad de la función

$$f(x,y) = \begin{cases} 1, & |x| \leq |y|, \\ 0, & |x| > |y|. \end{cases}$$

Solución
$f(x,y)$ es continua en el conjunto $(x,y) \in \mathbb{R}^2 : |x| \neq |y|$.

10 Estudia la continuidad de la función:

$$f(x,y) = \begin{cases} \dfrac{x^2 - y^2}{e^{x+y} - 1}, & x > -y, \\ 2x, & x \leq -y. \end{cases}$$

Solución
La función $f(x,y)$ es continua en todo $\mathbb{R}^2$.

11 Analiza la continuidad en $\mathbb{R}^2$ de la función

$$f(x,y) = \begin{cases} \left(1 + \dfrac{e^{xy}-1}{xy}(x^2+y^2)\right)^{1/\sqrt{x^2+y^2}}, & xy \neq 0, \\[2ex] (1+y^2)^{1/|y|}, & x=0, y\neq 0, \\[1ex] (1+x^2)^{1/|x|}, & y=0, x\neq 0, \\[1ex] 1, & (x,y)=(0,0). \end{cases}$$

Solución
La función $f(x,y)$ es continua en todo $\mathbb{R}^2$. Ayuda: analiza por separado los casos $(x,0)$, $(0,y)$, $(0,0)$ y demuestra que $\lim\limits_{z\to 0} \dfrac{e^z - 1}{z} = 1$.

12 Estudia la continuidad de la función:

$$f(x,y) = \begin{cases} \dfrac{x\sin(xy)}{\sqrt{x^2+y^2}}, & (x,y) \neq (0,0), \\[2ex] 0, & (x,y) = (0,0). \end{cases}$$

Solución
La función $f(x,y)$ es continua en todo $\mathbb{R}^2$.

13 Analiza la continuidad en el origen de la siguiente función:

$$f(x,y) = \begin{cases} \dfrac{x^2 y}{x^4 + y^2}, & (x,y) \neq (0,0), \\[2ex] 0, & (x,y) = (0,0). \end{cases}$$

Solución
La función $f(x,y)$ no es continua en el origen de coordenadas.

14 Calcula el límite direccional de la función

$$f(x,y) = \begin{cases} \dfrac{x^3}{2x^2 - y^2 - xy}, & (x,y) \neq (0,0), \\ 0, & (x,y) = (0,0), \end{cases}$$

en el origen, a lo largo de la curva $y = x + x^2$. ¿Y sobre las rectas $y = kx$? ¿Podemos decir algo acerca de la continuidad de la función en el origen?

Solución
El primer límite pedido existe y tiene valor 1. El segundo límite existe y tiene valor 0. Por tanto, la función no es continua en el origen de coordenadas.

15 Analiza la continuidad de la siguiente función:

$$f(x,y) = \begin{cases} \dfrac{x \sin(xy)}{x^2 + y^2}, & (x,y) \neq (0,0), \\ 1, & (x,y) = (0,0). \end{cases}$$

Solución
La función $f(x,y)$ es continua en $\mathbb{R}^2 \setminus \{(0,0)\}$.

Capítulo 3

Diferenciabilidad de funciones de varias variables

La variabilidad de las funciones con respecto a sus variables independientes se estudiaba, en el caso de una variable, con el concepto de derivabilidad.

Cuando trabajamos con funciones de varias variables mencionamos el concepto de diferenciabilidad. Ahora podremos distinguir cuándo se varía una o varias de las variables, y qué efectos tiene sobre la función original.

3.1 Problemas resueltos

Comenzamos el capítulo obteniendo de forma analítica las derivadas parciales de primer orden, o cómo varía la función cuando variamos una de las variables, tanto aplicando la definición como utilizando las reglas de derivación. Asimismo, utilizamos la interpretación geométrica de la derivada parcial de primer orden.

A continuación abordamos el concepto de diferenciabilidad en un punto, las condiciones que se deben cumplir para que una función sea diferenciable y la aproximación lineal. Con estas ideas, obtenemos las derivadas direccionales de la función en un punto y su relación con el vector gradiente.

Posteriormente trabajamos sobre la regla de la cadena para varias variables, y finalizamos con el cálculo de derivadas parciales de orden superior.

Los problemas del 21 en adelante se corresponden con problemas que han aparecido en diferentes exámenes de la asignatura.

3.1.1 Derivadas parciales de primer orden

Problema 1

Calcula las derivadas parciales de las siguientes funciones en el punto $P = (2, 1)$ a partir de su definición:

(a) $f(x, y) = x^3 + x^2 y^3 - 2y^2$, (b) $f(x, y) = x \sin(y - 1)$.

Solución

La definición de derivada parcial en el punto $P = (2, 1)$ viene dada por

$$f_x(2, 1) = \lim_{h \to 0} \frac{f(2 + h, 1) - f(2, 1)}{h}, \quad f_y(2, 1) = \lim_{h \to 0} \frac{f(2, 1 + h) - f(2, 1)}{h}.$$

(a) Para calcular las derivadas parciales necesitamos conocer

$$f(2, 1) = 2^3 + 2^2 \cdot 1^3 - 2 \cdot 1^2 = 10,$$
$$f(2 + h, 1) = (2 + h)^3 + (2 + h)^2 - 2,$$
$$f(2, 1 + h) = 8 + 4(1 + h)^3 - 2(1 + h)^2.$$

Reemplazando en las expresiones de las derivadas parciales,

$$
\begin{aligned}
f_x(2,1) &= \lim_{h\to 0} \frac{(2+h)^3 + (2+h)^2 - 2 - 10}{h} = \lim_{h\to 0} \frac{h^3 + 7h^2 + 16h}{h} = \\
&= \lim_{h\to 0} h^2 + 7h + 16 = 16,
\end{aligned}
$$

$$
\begin{aligned}
f_y(2,1) &= \lim_{h\to 0} \frac{8 + 4(1+h)^3 - 2(1+h)^2 - 10}{h} = \lim_{h\to 0} \frac{4h^3 + 10h^2 + 8h}{h} = \\
&= \lim_{h\to 0} 4h^2 + 10h + 8 = 8.
\end{aligned}
$$

(b) Para calcular las derivadas parciales necesitamos conocer

$$
\begin{aligned}
f(2,1) &= 2\sin(1-1) = 0, \\
f(2+h,1) &= (2+h)\sin(1-1) = 0, \\
f(2,1+h) &= 2\sin(1+h-1) = 2\sin(h).
\end{aligned}
$$

Reemplazando en las expresiones de las derivadas parciales,

$$
f_x(2,1) = \lim_{h\to 0} \frac{0-0}{h} = 0,
$$

$$
f_y(2,1) = \lim_{h\to 0} \frac{2\sin(h) - 0}{h} \overset{0/0:LH}{=\!=\!=\!=} \lim_{h\to 0} 2\cos(h) = 2.
$$

Problema 2

Calcula las derivadas parciales de las siguientes funciones:
(a) $f(x,y) = y^5 - 3xy$, (b) $g(x,t) = e^{-t}\cos(\pi x)$,
(c) $h(x,t) = \sqrt{x}\ln(t)$, (d) $i(u,v) = (u^2 v - v^3)^5$,
(e) $j(\rho,\theta) = \sin(\rho\cos(\theta))$, (f) $k(x,y) = \arctan\left(\dfrac{y}{x}\right)$.

Solución

(a) $f_x(x,y) = -3y$, $f_y(x,y) = 5y^4 - 3x$.

(b) $g_x(x,t) = -\pi e^{-t}\sin(\pi x)$, $g_t(x,t) = -e^{-t}\cos(\pi x)$.

(c) $h_x(x,t) = \dfrac{\ln(t)}{2\sqrt{x}}$, $h_t(x,t) = \dfrac{\sqrt{x}}{t}$.

(d) $i_u(u,v) = 5(u^2v - v^3)^42uv$, $i_v(u,v) = 5(u^2v - v^3)^4(u^2 - 3v^2)$.

(e) $j_\rho(\rho,\theta) = \cos(\rho\cos(\theta))\cos(\theta)$, $j_\theta(\rho,\theta) = -\cos(\rho\cos(\theta))\rho\sin(\theta)$.

(f) $k_x(x,y) = -\dfrac{y}{x^2+y^2}$, $k_y(x,y) = \dfrac{x}{x^2+y^2}$.

Problema 3

Demuestra que la función de Cobb-Douglas $P(L,K) = bL^\alpha K^\beta$ satisface la ecuación en derivadas parciales

$$L\frac{\partial P}{\partial L} + K\frac{\partial P}{\partial K} = (\alpha + \beta)\,P.$$

Solución

Calculemos las derivadas parciales de $P(L,K)$.

$$\frac{\partial P}{\partial L} = \alpha bL^{\alpha-1}K^\beta, \quad \frac{\partial P}{\partial K} = \beta bL^\alpha K^{\beta-1}.$$

Desarrollando la parte izquierda de la igualdad,

$$L\frac{\partial P}{\partial L} + K\frac{\partial P}{\partial K} \;=\; L\alpha bL^{\alpha-1}K^\beta + K\beta bL^\alpha K^{\beta-1} = \alpha bL^\alpha K^\beta + \beta bL^\alpha K^\beta =$$

$$=\; (\alpha + \beta)\,bL^\alpha K^\beta = (\alpha + \beta)\,P.$$

Problema 4

La temperatura T en un punto (x,y) de una placa de metal viene dada por $T(x,y) = \dfrac{60}{1 + x^2 + y^2}$. Obtén la razón de cambio de la temperatura con respecto a las direcciones x e y en el punto $(2,1)$.

Solución

La derivada parcial cuantifica la razón de cambio de la función T con respecto a la variable x o y.

$$T_x(x,y) = -\frac{120x}{(1+x^2+y^2)^2} \rightarrow T_x(2,1) = -\frac{20}{3},$$
$$T_y(x,y) = -\frac{120y}{(1+x^2+y^2)^2} \rightarrow T_y(2,1) = -\frac{10}{3}.$$

Problema 5

El elipsoide $4x^2 + 2y^2 + z^2 = 16$ intersecta al plano $y = 2$ en una elipse. Halla la recta tangente a la elipse en el punto $(1,2,2)$.

Solución

La intersección entre el elipsoide y el plano es

$$4x^2 + 2 \cdot 2^2 + z^2 = 16 \leftrightarrow \frac{x^2}{2} + \frac{z^2}{8} = 1,$$

que es la ecuación de la elipse. Despejando $z = f(x,2)$ obtenemos

$$\frac{z^2}{8} = 1 - \frac{x^2}{2} \leftrightarrow z = f(x,2) = \sqrt{8-4x^2}.$$

Derivando con respecto a x obtenemos la pendiente de la recta tangente,

$$f_x(x,2) = -\frac{4x}{\sqrt{8-4x^2}},$$

cuyo valor en el punto $x = 1$ es $f_x(2,2) = -2$. Por tanto, la recta tiene vector director $\vec{v} = (1,0,-2)$ y la expresión de la recta es

$$r(t) = (1,2,2) + t(1,0,-2).$$

Problema 6

Determina la ecuación del plano tangente a las superficies

(a) $z = 3(x - 1)^2 + 2(y + 3)^2 + 7$ en el punto $(2, -2, 12)$,
(b) $z = \sqrt{xy}$ en el punto $(1, 1, 1)$,
(c) $z = y\cos(x - y)$ en el punto $(2, 2, 2)$.

Solución

La ecuación del plano tangente a una superficie $z = f(x, y)$ en un punto cualquiera $P = (x_0, y_0, z_0)$, con $z_0 = f(x_0, y_0)$, viene dada por

$$z = z_0 + f_x(x_0, y_0)(x - x_0) + f_y(x_0, y_0)(y - y_0).$$

(a) Las derivadas parciales de $z = f(x, y) = 3(x - 1)^2 + 2(y + 3)^2 + 7$ en el punto $P = (2, -2, 12)$ son

$$f_x(x, y) = 6(x-1) \to f_x(2, -2) = 6, \quad f_y(x, y) = 4(y+3) \to f_y(2, -2) = 4,$$

de modo que la ecuación del plano tangente es

$$z = 12 + 6(x - 2) + 4(y + 2) = 6x + 4y + 8.$$

(b) Las derivadas parciales de $z = f(x, y) = \sqrt{xy}$ en el punto $P = (1, 1, 1)$ son

$$f_x(x, y) = \frac{1}{2}\sqrt{\frac{y}{x}} \to f_x(1, 1) = \frac{1}{2}, \quad f_y(x, y) = \frac{1}{2}\sqrt{\frac{x}{y}} \to f_y(1, 1) = \frac{1}{2},$$

de modo que la ecuación del plano tangente es

$$z = 1 + \frac{1}{2}(x - 1) + \frac{1}{2}(y - 1) = \frac{x + y}{2}.$$

(c) Las derivadas parciales de $z = f(x, y) = y\cos(x - y)$ en el punto de coordenadas $(2, 2, 2)$ son

$$f_x(x, y) = -y\sin(x - y) \to f_x(2, 2) = 0,$$
$$f_y(x, y) = \cos(x - y) + y\sin(x - y) \to f_y(2, 2) = 1,$$

de modo que la ecuación del plano tangente es

$$z = 2 + 0(x - 2) + 1(y - 2) = y.$$

Problema 7

Obtén la ecuación de la recta normal a la superficie

(a) $z = e^{x \cos(y)}$ en el punto $\left(1, \pi, \dfrac{1}{e}\right)$,

(b) $z = \sin(x) \cos(x)$ en el punto $\left(\dfrac{\pi}{4}, \dfrac{\pi}{4}, \dfrac{1}{2}\right)$.

Solución

Siendo $z_0 = f(x_0, y_0)$, la ecuación general del plano $A(x - x_0) + B(y - y_0) + C(z - z_0) = 0$ tiene como vector normal $\vec{v} = (A, B, C)$. Si se trata de un plano tangente a la superficie $z = f(x, y)$ en el punto (x_0, y_0, z_0), el vector normal es el vector director de la recta normal a dicha superficie.

Calculando el plano tangente a la superficie $z = f(x, y)$, obtenemos su vector normal y, a partir de él, el vector director de la recta normal.

(a) Las derivadas parciales de $z = f(x, y) = e^{x \cos(y)}$ en el punto $(1, \pi)$ son

$$f_x(x, y) = \cos(y) e^{x \cos(y)} \rightarrow f_x(1, \pi) = -\frac{1}{e},$$
$$f_y(x, y) = -x \sin(y) e^{x \cos(y)} \rightarrow f(1, \pi) = 0,$$

por lo que el plano tangente a la superficie es

$$z = \frac{1}{e} - \frac{1}{e}(x - 1) + 0(y - \pi) = \frac{2 - x}{e}.$$

Expresando el plano en forma general, obtenemos

$$-\frac{1}{e}(x - 1) + 0(y - \pi) - 1\left(z - \frac{1}{e}\right) = 0,$$

de modo que el vector normal es $\vec{v} = \left(-\dfrac{1}{e}, 0, -1\right)$. Luego la recta normal es

$$\vec{r}(t) = \left(1, \pi, \dfrac{1}{e}\right) + t\left(-\dfrac{1}{e}, 0, -1\right).$$

(b) Las derivadas parciales de $z = f(x, y) = \sin(x)\cos(x)$ en el punto $\left(\dfrac{\pi}{4}, \dfrac{\pi}{4}\right)$ son

$$f_x(x, y) = \cos^2(x) - \sin^2(x) = \cos(2x) \rightarrow f_x\left(\dfrac{\pi}{4}, \dfrac{\pi}{4}\right) = 0,$$
$$f_y(x, y) = 0 \rightarrow f\left(\dfrac{\pi}{4}, \dfrac{\pi}{4}\right) = 0,$$

por lo que el plano tangente a la superficie es

$$z = \dfrac{1}{2} + 0\left(x - \dfrac{\pi}{4}\right) + 0\left(y - \dfrac{\pi}{4}\right) = \dfrac{1}{2}.$$

Expresando el plano en forma normal, obtenemos

$$0\left(x - \dfrac{\pi}{4}\right) + 0\left(y - \dfrac{\pi}{4}\right) - 1\left(z - \dfrac{1}{2}\right) = 0,$$

de modo que el vector normal es $\vec{v} = (0, 0, -1)$. Luego la recta normal es

$$\vec{r}(t) = \left(\dfrac{\pi}{4}, \dfrac{\pi}{4}, \dfrac{1}{2}\right) + t(0, 0, -1).$$

Problema 8

Demuestra que toda recta normal a la esfera $x^2 + y^2 + z^2 = R^2$ pasa por el centro de la esfera.

Solución

Calculamos la recta normal a cualquier punto de la esfera a partir del plano tangente en cualquier punto de la esfera. Para ello, expresamos la superficie como $z = f(x, y)$,

$$x^2 + y^2 + z^2 = R^2 \leftrightarrow z = \sqrt{R^2 - x^2 - y^2} = f(x, y),$$

de modo que cualquier punto de la esfera tendrá la forma $\left(x_0, y_0, \sqrt{R^2 - x_0^2 - y_0^2}\right)$. Para un punto del hemisferio sur $(z < 0)$ el razonamiento sería análogo. Obtenemos sus derivadas parciales,

$$f_x(x,y) = -\frac{x}{\sqrt{R^2 - x^2 - y^2}}, \quad f_y(x,y) = -\frac{y}{\sqrt{R^2 - x^2 - y^2}},$$

que en cualquier punto de la esfera (x_0, y_0, z_0) tendrán la expresión

$$f_x(x_0, y_0) = -\frac{x_0}{\sqrt{R^2 - x_0^2 - y_0^2}}, \quad f_y(x_0, y_0) = -\frac{y_0}{\sqrt{R^2 - x_0^2 - y_0^2}}.$$

El plano tangente a la esfera en cualquier punto (x_0, y_0, z_0) es

$$z = z_0 - \frac{x_0}{\sqrt{R^2 - x_0^2 - y_0^2}}(x - x_0) - \frac{y_0}{\sqrt{R^2 - x_0^2 - y_0^2}}(y - y_0),$$

que expresado en forma normal es

$$\frac{x_0}{\sqrt{R^2 - x_0^2 - y_0^2}}(x - x_0) + \frac{y_0}{\sqrt{R^2 - x_0^2 - y_0^2}}(y - y_0) + 1(z - z_0) = 0,$$

por lo que el vector normal es

$$\vec{v} = \left(\frac{x_0}{\sqrt{R^2 - x_0^2 - y_0^2}}, \frac{y_0}{\sqrt{R^2 - x_0^2 - y_0^2}}, 1 \right),$$

y la recta normal es

$$\vec{r}(t) = (x_0, y_0, \sqrt{R^2 - x_0^2 - y_0^2}) + t\left(\frac{x_0}{\sqrt{R^2 - x_0^2 - y_0^2}}, \frac{y_0}{\sqrt{R^2 - x_0^2 - y_0^2}}, 1 \right).$$

Para demostrar que la recta pasa por el punto $(0,0,0)$ verificamos si hay algún valor de t tal que $\vec{r}(t) = (0,0,0)$.

$$\vec{r}(t) = (0,0,0) \leftrightarrow$$

$$\leftrightarrow (x_0, y_0, \sqrt{R^2 - x_0^2 - y_0^2}) + t\left(\frac{x_0}{\sqrt{R^2 - x_0^2 - y_0^2}}, \frac{y_0}{\sqrt{R^2 - x_0^2 - y_0^2}}, 1 \right) = (0,0,0).$$

Igualando la componente z,

$$\sqrt{R^2 - x_0^2 - y_0^2} + t = 0 \leftrightarrow t = -\sqrt{R^2 - x_0^2 - y_0^2},$$

de modo que

$$\vec{r}\left(-\sqrt{R^2 - x_0^2 - y_0^2}\right) = (0, 0, 0).$$

3.1.2 Diferenciabilidad

Problema 9

Demuestra que las funciones son diferenciables en el punto P y obtén su aproximación lineal.

(a) $f(x, y) = x\sqrt{y}$, $P = (1, 4)$,

(b) $f(x, y) = \dfrac{x}{x^2 + y^2}$, $P = (2, 1)$,

(c) $f(x, y) = \dfrac{2x + 3}{4y + 1}$, $P = (0, 0)$.

Solución

Si las derivadas parciales son continuas en P, entonces la función es diferenciable, siendo su aproximación lineal en el punto (x_0, y_0)

$$L(x, y) = f(x_0, y_0) + f_x(x_0, y_0)(x - x_0) + f_y(x_0, y_0)(y - y_0).$$

(a) Calculamos las derivadas parciales

$$f_x(x, y) = \sqrt{y}, \quad f_y(x, y) = \frac{x}{2\sqrt{y}}.$$

Vemos que $f_x(x, y)$ es continua para $y > 0$, y que $f_y(x, y)$ es continua para $y > 0$, de modo que en un entorno del punto $(1, 4)$ las derivadas parciales son continuas, por lo que la función es diferenciable en dicho punto. Su aproximación lineal es

$$
\begin{aligned}
L(x, y) &= f(1, 4) + f_x(1, 4)(x - 1) + f_y(1, 4)(y - 4) = \\
&= 2 + 2(x - 1) + \frac{1}{4}(y - 4) = 2x + \frac{y}{4} - 1.
\end{aligned}
$$

(b) Calculamos las derivadas parciales

$$f_x(x,y) = \frac{y^2 - x^2}{(x^2 + y^2)^2}, \quad f_y(x,y) = -\frac{2xy}{(x^2 + y^2)^2}.$$

Vemos que $f_x(x,y)$ y $f_y(x,y)$ son continuas salvo, quizá, en el punto $(0,0)$. De este modo, en un entorno del punto $(2,1)$ las derivadas parciales son continuas, por lo que la función es diferenciable en $(2,1)$. Su aproximación lineal es

$$\begin{aligned} L(x,y) &= f(2,1) + f_x(2,1)(x-2) + f_y(2,1)(y-1) = \\ &= \frac{2}{5} - \frac{3}{25}(x-2) - \frac{4}{25}(y-1) = \frac{20 - 3x - 4y}{25}. \end{aligned}$$

(c) Calculamos las derivadas parciales

$$f_x(x,y) = \frac{2}{4y+1}, \quad f_y(x,y) = -\frac{8x+12}{(4y+1)^2}.$$

Vemos que $f_x(x,y)$ y $f_y(x,y)$ son continuas salvo, quizá, en los puntos $y = -\frac{1}{4}$, por lo que en un entorno del punto $(0,0)$ las derivadas parciales son continuas, siendo la función diferenciable en el punto P. Su aproximación lineal es

$$L(x,y) = f(0,0) + f_x(0,0)x + f_y(0,0)y = 3 + 2x - 12y.$$

Problema 10

Calcula la derivada direccional de $f(x,y)$ en el punto P y en la dirección indicada por el vector $\vec{w}$.

(a) $f(x,y) = x^4 - x^2y^3$, $P = (2,1)$, $\vec{w} = \vec{i} + 3\vec{j}$,
(b) $f(x,y) = 1 + 2x\sqrt{y}$, $P = (3,4)$, $\vec{w} = (4,-3)$,
(c) $f(x,y,z) = (x + 2y + 3z)^{3/2}$, $P = (1,1,2)$, $\vec{w} = 2\vec{j} - \vec{k}$.

Solución
Si la función es diferenciable, podemos calcular la derivada direccional de la función en el punto P y en la dirección del vector unitario $\vec{v}$ como $D_{\vec{v}}f(P) = \left\langle \vec{\nabla}f(P), \vec{v} \right\rangle$.

Demostraremos que la función es diferenciable en P a partir de la continuidad de sus derivadas parciales, y obtendremos el vector $\vec{v}$ unitario como $\vec{v} = \dfrac{\vec{w}}{\|\vec{w}\|}$.

(a) Calculamos las derivadas parciales

$$f_x(x, y) = 4x^3 - 2xy^3, \quad f_y(x, y) = -3x^2y^2.$$

Vemos que ambas expresiones son continuas en $\mathbb{R}^2$, de modo que la función es diferenciable en cualquier punto de $\mathbb{R}^2$. El vector gradiente en el punto $P = (2, 1)$ es

$$\vec{\nabla} f(2, 1) = (f_x(2, 1), f_y(2, 1)) = (28, -12).$$

Obtenemos el vector $\vec{v}$ como

$$\vec{v} = \frac{\vec{w}}{\|\vec{w}\|} = \frac{(1, 3)}{\sqrt{1^2 + 3^2}} = \frac{1}{\sqrt{10}}(1, 3).$$

Por tanto,

$$D_{\vec{v}} f(2, 1) = \left\langle (28, -12), \frac{1}{\sqrt{10}}(1, 3) \right\rangle = \frac{1}{\sqrt{10}}(28 - 36) = -\frac{8}{\sqrt{10}} = -\frac{4\sqrt{10}}{5}.$$

(b) Calculamos las derivadas parciales

$$f_x(x, y) = 2\sqrt{y}, \quad f_y(x, y) = \frac{x}{\sqrt{y}}.$$

Vemos que ambas expresiones son continuas en $y > 0$, de modo que en un entorno del punto $(3, 4)$ las derivadas parciales son continuas, por lo que la función es diferenciable. El vector gradiente en el punto $P = (3, 4)$ es

$$\vec{\nabla} f(3, 4) = (f_x(3, 4), f_y(3, 4)) = \left(4, \frac{3}{2} \right).$$

Obtenemos el vector $\vec{v}$ como

$$\vec{v} = \frac{\vec{w}}{\|\vec{w}\|} = \frac{(4, -3)}{\sqrt{4^2 + 3^2}} = \frac{1}{5}(4, -3).$$

Por tanto,

$$D_{\vec{v}}f(3,4) = \left\langle \left(4, \frac{3}{2}\right), \frac{1}{5}(4,-3) \right\rangle = \frac{1}{5}\left(16 - \frac{9}{2}\right) = \frac{23}{10}.$$

(c) Calculamos las derivadas parciales

$$f_x(x,y,z) = \frac{3}{2}\sqrt{x+2y+3z}, \quad f_y(x,y,z) = 3\sqrt{x+2y+3z},$$
$$f_z(x,y,z) = \frac{9}{2}\sqrt{x+2y+3z}.$$

Las tres expresiones son continuas en los puntos en los que el radicando es mayor o igual a 0. Alrededor del punto $(1,1,2)$ el radicando es claramente mayor que cero, de modo que la función es diferenciable alrededor del punto $(1,1,2)$. El vector gradiente en el punto $P = (1,1,2)$ es

$$\vec{\nabla}f(1,1,2) = (f_x(1,1,2), f_y(1,1,2), f_z(1,1,2)) = \left(\frac{9}{2}, 9, \frac{27}{2}\right) = \frac{9}{2}(1,2,3).$$

Obtenemos el vector $\vec{v}$ como

$$\vec{v} = \frac{\vec{w}}{\|\vec{w}\|} = \frac{(0,2,-1)}{\sqrt{0^2+2^2+(-1)^2}} = \frac{(0,2,-1)}{\sqrt{5}}.$$

Por tanto,

$$D_{\vec{v}}f(1,1,2) = \left\langle \frac{9}{2}(1,2,3), \frac{(0,2,-1)}{\sqrt{5}} \right\rangle = \frac{9}{2\sqrt{5}}(0+4-3) = \frac{9}{2\sqrt{5}} = \frac{9\sqrt{5}}{10}.$$

Problema 11

Calcula la derivada direccional de $f(x,y)$ en el punto P y en la dirección indicada por el ángulo α.

(a) $f(x,y) = ye^{-x}$, $P = (0,4)$, $\alpha = \dfrac{2\pi}{3}$,

(b) $f(x,y) = x^2 - 6y^2$, $P = (7,2)$, $\alpha = \dfrac{\pi}{4}$.

Solución

Si la función es diferenciable, podemos calcular la derivada direccional de la función en el punto P y en la dirección del vector unitario $\vec{v}$ como $D_{\vec{v}}f(P) = \langle \vec{\nabla}f(P), \vec{v} \rangle$. Demostraremos que la función es diferenciable en P a partir de la continuidad de sus derivadas parciales, y obtendremos el vector $\vec{v}$ a partir de la dirección del ángulo α como $\vec{v} = (\cos(\alpha), \sin(\alpha))$.

(a) Calculamos las derivadas parciales

$$f_x(x,y) = -ye^{-x}, \quad f_y(x,y) = e^{-x}.$$

Vemos que ambas expresiones son continuas en $\mathbb{R}^2$, de modo que la función es diferenciable en cualquier punto de $\mathbb{R}^2$. El vector gradiente en el punto $P = (0,4)$ es

$$\vec{\nabla}f(0,4) = (f_x(0,4), f_y(0,4)) = (-4,1).$$

Obtenemos el vector $\vec{v}$ como

$$\vec{v} = \left(\cos\left(\frac{2\pi}{3}\right), \sin\left(\frac{2\pi}{3}\right) \right) = \left(-\frac{1}{2}, \frac{\sqrt{3}}{2} \right).$$

Por tanto,

$$D_{\vec{v}}f(0,4) = \left\langle (-4,1), \left(-\frac{1}{2}, \frac{\sqrt{3}}{2} \right) \right\rangle = 2 + \frac{\sqrt{3}}{2} = \frac{4 + \sqrt{3}}{2}.$$

(b) Calculamos las derivadas parciales

$$f_x(x,y) = 2x, \quad f_y(x,y) = -12y.$$

Vemos que ambas expresiones son continuas en $\mathbb{R}^2$, de modo que la función es diferenciable en cualquier punto de $\mathbb{R}^2$. El vector gradiente en el punto $P = (7,2)$ es

$$\vec{\nabla}f(7,2) = (f_x(7,2), f_y(7,2)) = (14,-24).$$

Obtenemos el vector $\vec{v}$ como

$$\vec{v} = \left(\cos\left(\frac{\pi}{4}\right), \sin\left(\frac{\pi}{4}\right) \right) = \frac{\sqrt{2}}{2}(1,1).$$

Por tanto,

$$D_{\vec{v}}f(7,2) = \left\langle (14,-24), \frac{\sqrt{2}}{2}(1,1) \right\rangle = \frac{\sqrt{2}}{2}(14-24) = -5\sqrt{2}.$$

Problema 12

Determina la dirección de mayor variación de las siguientes funciones en el punto $P = (1,1)$ y el valor de dicha variación.

(a) $f(x,y) = \dfrac{x^2 + y^2}{1 + y^2}$,

(b) $f(x,y) = e^x y^2$.

Solución
La dirección de mayor crecimiento es $\vec{\nabla}f(1,1) = (f_x(1,1), f_y(1,1))$, siendo su valor $\|\vec{\nabla}f(1,1)\|$.

(a) Calculamos las derivadas parciales y las evaluamos en el punto $(1,1)$.

$$f_x(x,y) = \frac{2x}{1+y^2} \rightarrow f_x(1,1) = 1, \quad f_y(x,y) = -\frac{2y(x^2-1)}{(1+y^2)^2} \rightarrow f_y(1,1) = 0,$$

de modo que la dirección de máximo crecimiento es $(1,0)$ de valor 1.

(b) Calculamos las derivadas parciales y las evaluamos en el punto $(1,1)$.

$$f_x(x,y) = e^x y^2 \rightarrow f_x(1,1) = e, \quad f_y(x,y) = 2e^x y \rightarrow f_y(1,1) = 2e,$$

de modo que la dirección de máximo crecimiento es $(e, 2e) = e(1,2)$ de valor $e\sqrt{5}$.

Problema 13

Estudia la diferenciabilidad de las siguientes funciones:

(a) $f(x,y) = \begin{cases} \dfrac{x^2+y^2}{y^2}, & y \neq 0, \\ 0, & y = 0, \end{cases}$

(b) $f(x,y) = \begin{cases} \dfrac{x^2}{x^2+y^2}, & (x,y) \neq (0,0), \\ 0, & (x,y) = (0,0), \end{cases}$

(c) $f(x,y) = \begin{cases} \dfrac{xy}{\sqrt{x^2+y^2}}, & (x,y) \neq (0,0), \\ 0, & (x,y) = (0,0), \end{cases}$

(d) $f(x,y) = \begin{cases} \dfrac{e^{x^2+y^2}-1}{x^2+y^2}, & (x,y) \neq (0,0), \\ 1, & (x,y) = (0,0). \end{cases}$

Solución

(a) La función está definida en $\mathbb{R}^2$. Al ser un cociente de polinomios, es continua y diferenciable en $\mathbb{R}^2$ excepto, quizá, en los puntos $y = 0$ que es donde se anula el denominador.

Veamos qué ocurre en $(x,y) = (a,0)$ analizando las derivadas parciales:

$$f_y(a,0) = \lim_{h \to 0} \frac{f(a,0+h) - f(a,0)}{h} = \lim_{h \to 0} \frac{a^2 + h^2}{h^3} = \infty.$$

Como $f_y(a,0)$ no existe, entonces la función no es diferenciable en $(a,0)$ para cualquier valor de a.

Por tanto, f es diferenciable en $\{(x,y) \in \mathbb{R}^2 : y \neq 0)\}$.

(b) La función está definida en $\mathbb{R}^2$ y es diferenciable en $\mathbb{R}^2$ excepto, quizá, en el punto $(0,0)$. Analicemos la continuidad en dicho punto utilizando el cambio a polares.

$$\lim_{(x,y)\to(0,0)} f(x,y) = \lim_{\rho \to 0} \frac{\rho^2 \cos^2(\theta)}{\rho^2} = \cos^2(\theta).$$

Como depende de θ, el límite no existe y la función no es continua en $(0,0)$. Al no ser continua en dicho punto, tampoco es diferenciable en $(0,0)$.

Por tanto, f es diferenciable en $\mathbb{R}^2 \setminus \{(0,0)\}$.

(c) La función está definida en $\mathbb{R}^2$ y es diferenciable en $\mathbb{R}^2$ excepto, quizá, en el punto $(0,0)$. En este caso tenemos que aplicar la definición de diferenciabilidad para conocer si la función es diferenciable en el origen. Para ello necesitamos conocer las derivadas parciales.

$$f_x(0,0) = \lim_{h\to 0} \frac{f(0+h,0) - f(0,0)}{h} = \lim_{h\to 0} \frac{\frac{h\cdot 0}{\sqrt{h^2+0^2}}}{h} = 0,$$

$$f_y(0,0) = \lim_{h\to 0} \frac{f(0,0+h) - f(0,0)}{h} = \lim_{h\to 0} \frac{\frac{0\cdot h}{\sqrt{0^2+h^2}}}{h} = 0.$$

Aplicando la definición de diferenciabilidad,

$$\lim_{(h,k)\to(0,0)} \frac{f(0+h,0+k) - (f(0,0) + hf_x(0,0) + kf_y(0,0))}{\sqrt{h^2+k^2}} =$$

$$= \lim_{(h,k)\to(0,0)} \frac{\frac{hk}{\sqrt{h^2+k^2}} - (0 + h\cdot 0 + k\cdot 0)}{\sqrt{h^2+k^2}} = \lim_{(h,k)\to(0,0)} \frac{hk}{h^2+k^2} =$$

$$= \lim_{\rho\to 0} \frac{\rho^2 \cos(\theta)\sin(\theta)}{\rho^2} = \cos(\theta)\sin(\theta),$$

de modo que el límite no existe ya que depende del ángulo θ y, por tanto, la función no es diferenciable en el origen.

Por tanto, f es diferenciable en $\mathbb{R}^2 \setminus \{(0,0)\}$.

(d) La función está definida en $\mathbb{R}^2$ y es diferenciable en $\mathbb{R}^2$ excepto, quizá, en el punto $(0,0)$. En este caso tenemos que aplicar la definición de diferenciabilidad para conocer si la función es diferenciable en el origen. Para ello necesitamos conocer las derivadas parciales.

$$
\begin{aligned}
f_x(0,0) &= \lim_{h \to 0} \frac{f(0+h,0) - f(0,0)}{h} = \lim_{h \to 0} \frac{\dfrac{e^{h^2+0^2} - 1}{h^2 + 0^2} - 1}{h} = \\
&= \lim_{h \to 0} \frac{e^{h^2} - 1 - h^2}{h^3} \xLeftrightarrow{0/0:LH} \lim_{h \to 0} \frac{2he^{h^2} - 2h}{3h^2} = \\
&= \lim_{h \to 0} \frac{2e^{h^2} - 2}{3h} \xLeftrightarrow{0/0:LH} \lim_{h \to 0} \frac{4he^{h^2}}{3} = 0, \\
f_y(0,0) &= \lim_{h \to 0} \frac{f(0,0+h) - f(0,0)}{h} = \lim_{h \to 0} \frac{\dfrac{e^{0^2+h^2} - 1}{0^2 + h^2} - 1}{h} = \cdots = 0,
\end{aligned}
$$

siguiendo el mismo desarrollo que para el cálculo de $f_x(0,0)$. Aplicando la definición de diferenciabilidad,

$$
\begin{aligned}
&\lim_{(h,k) \to (0,0)} \frac{f(0+h,0+k) - (f(0,0) + h f_x(0,0) + k f_y(0,0))}{\sqrt{h^2 + k^2}} = \\
&= \lim_{(h,k) \to (0,0)} \frac{\dfrac{e^{h^2+k^2} - 1}{h^2 + k^2} - (1 + h \cdot 0 + k \cdot 0)}{\sqrt{h^2 + k^2}} = \\
&= \lim_{(h,k) \to (0,0)} \frac{e^{h^2+k^2} - 1 - h^2 - k^2}{(h^2 + k^2)^{3/2}} = \lim_{\rho \to 0} \frac{e^{\rho^2} - 1 - \rho^2}{\rho^3} \xLeftrightarrow{0/0:LH} \\
&= \lim_{\rho \to 0} \frac{2\rho e^{\rho^2} - 2\rho}{3\rho^2} = \lim_{\rho \to 0} \frac{2e^{\rho^2} - 2}{3\rho} \xLeftrightarrow{0/0:LH} \lim_{\rho \to 0} \frac{4\rho e^{\rho^2}}{3} = 0.
\end{aligned}
$$

Como el límite es 0, entonces la función es diferenciable en el origen.

Por tanto, f es diferenciable en $\mathbb{R}^2$.

Problema 14

Sea la función $f(x,y) = \sqrt[3]{xy}$.

(a) Analiza la continuidad en el origen,
(b) Indica en qué direcciones existen las derivadas direccionales en el origen,
(c) Analiza la diferenciabilidad de la función en el origen.

Solución

(a) Vemos que $f(0,0) = 0$. Calculemos el límite haciendo el cambio a coordenadas polares,

$$\lim_{\rho \to 0} \sqrt[3]{\rho^2 \cos(\theta)\sin(\theta)} = 0,$$

ya que $\lim_{\rho \to 0} \rho^{2/3} = 0$ y $\sqrt[3]{\cos(\theta)\sin(\theta)}$ es una función acotada. Por tanto, f es continua en $(0,0)$.

(b) Sea $\vec{v} = (v_1, v_2)$, calculamos las derivadas direccionales en la dirección $\vec{v}$ a partir de la definición.

$$
\begin{aligned}
D_{\vec{v}}f(0,0) &= \lim_{h \to 0} \frac{f((0,0) + h(v_1, v_2)) - f(0,0)}{h} = \lim_{h \to 0} \frac{f(hv_1, hv_2)}{h} = \\
&= \lim_{h \to 0} \frac{\sqrt[3]{h^2 v_1 v_2}}{h}.
\end{aligned}
$$

Este límite solo puede valer 0 si $v_1 = 0$ y/o $v_2 = 0$. En caso contrario, el límite no existiría. Por tanto, solo existen las derivadas direccionales en las direcciones $\vec{v} = (1, 0)$ y $\vec{v} = (0, 1)$, es decir, las derivadas parciales.

(c) Como no existen las derivadas direccionales en cualquier dirección, entonces la función no es diferenciable en el origen.

3.1.3   La regla de la cadena

Problema 15

Calcula $g'(t)$, siendo $g(t) = \left(f \circ \vec{h}\right)(t)$, donde $f(x, y, z) = xy + yz + xz$ y $\vec{h}(t) = (t\cos(t), t\sin(t), t)$.

Solución

La aplicación de la regla de la cadena para obtener $g'(t)$ es

$$g'(t) = \left\langle \vec{\nabla} f\left(\vec{h}(t)\right), \vec{h}'(t) \right\rangle.$$

Calculemos cada elemento por separado. El gradiente de $f(x, y, z)$ viene dado por

$$\vec{\nabla} f(x, y, z) = (f_x(x, y, z), f_y(x, y, z), f_z(x, y, z)) = (y + z, x + z, x + y).$$

El gradiente evaluado en $\vec{h}(t)$ es

$$
\begin{aligned}
\vec{\nabla} f\left(\vec{h}(t)\right) &= \vec{\nabla} f\left(t\cos(t), t\sin(t), t\right) \\
&= (t\sin(t) + t, t\cos(t) + t, t\cos(t) + t\sin(t)) \\
&= t\left(\sin(t) + 1, \cos(t) + 1, \cos(t) + \sin(t)\right).
\end{aligned}
$$

Calculamos $\vec{h}'(t) = (\cos(t) - t\sin(t), \sin(t) + t\cos(t), 1)$. Por tanto, obtenemos $g'(t)$ como

$$
\begin{aligned}
g'(t) &= \left\langle \vec{\nabla} f\left(\vec{h}(t)\right), \vec{h}'(t) \right\rangle \\
&= \langle t\left(\sin(t) + 1, \cos(t) + 1, \cos(t) + \sin(t)\right), \\
&\qquad (\cos(t) - t\sin(t), \sin(t) + t\cos(t), 1) \rangle \\
&= t\left((\sin(t) + 1)(\cos(t) - t\sin(t)) + (\cos(t) + 1)(\sin(t) + t\cos(t)) + \right. \\
&\qquad \left. + \cos(t) + \sin(t)\right) \\
&= t\left(2\sin(t)\cos(t) - t\sin^2(t) + t\cos^2(t) + (2 + t)\cos(t) + (2 - t)\sin(t)\right) \\
&= t\left(\sin(2t) + t\cos(2t) + (2 + t)\cos(t) + (2 - t)\sin(t)\right).
\end{aligned}
$$

Problema 16

Utiliza la regla de la cadena para calcular $\dfrac{\partial z}{\partial t}$

(a) $z = x^2 + y^2 + xy$, con $x(t) = \sin(t)$ e $y(t) = e^t$,
(b) $z = \sqrt{1 + x^2 + y^2}$, con $x(t) = \ln(t)$ e $y(t) = \cos(t)$.

Solución
En ambos casos tenemos $z(x(t), y(t)) = (z \circ (x, y))(t)$, así que aplicaremos la regla de la cadena vectorial.

$$\frac{\partial z}{\partial t} = \frac{\partial z}{\partial x}\frac{\partial x}{\partial t} + \frac{\partial z}{\partial y}\frac{\partial y}{\partial t} = \frac{\partial z}{\partial x}x'(t) + \frac{\partial z}{\partial y}y'(t).$$

(a) Calculemos cada elemento por separado.

$$\frac{\partial z}{\partial x} = 2x + y = 2\sin(t) + e^t, \quad x'(t) = \cos(t),$$
$$\frac{\partial z}{\partial y} = 2y + x = 2e^t + \sin(t), \quad y'(t) = e^t,$$

de modo que

$$\frac{\partial z}{\partial t} = \left(2\sin(t) + e^t\right)\cos(t) + \left(2e^t + \sin(t)\right)e^t.$$

(b) Calculemos cada elemento por separado.

$$\frac{\partial z}{\partial x} = \frac{x}{\sqrt{1 + x^2 + y^2}} = \frac{\ln(t)}{\sqrt{1 + \ln^2(t) + \cos^2(t)}}, \quad x'(t) = \frac{1}{t}$$
$$\frac{\partial z}{\partial y} = \frac{y}{\sqrt{1 + x^2 + y^2}} = \frac{\cos(t)}{\sqrt{1 + \ln^2(t) + \cos^2(t)}}, \quad y'(t) = -\sin(t),$$

de modo que

$$\frac{\partial z}{\partial t} = \frac{\dfrac{\ln(t)}{t} - \sin(t)\cos(t)}{\sqrt{1 + \ln^2(t) + \cos^2(t)}}.$$

Problema 17

Si f es una función de x e y, con $u = x + y$ y $v = \frac{1}{x} + \frac{1}{y}$, demuestra que $xf_x + yf_y = uf_u - vf_v$.

Solución

Calculemos las derivadas parciales f_x y f_y.

$$\frac{\partial f}{\partial x} = \frac{\partial f}{\partial u}\frac{\partial u}{\partial x} + \frac{\partial f}{\partial v}\frac{\partial v}{\partial x} = f_u - f_v\frac{1}{x^2},$$

$$\frac{\partial f}{\partial y} = \frac{\partial f}{\partial u}\frac{\partial u}{\partial y} + \frac{\partial f}{\partial v}\frac{\partial v}{\partial y} = f_u - f_v\frac{1}{y^2}.$$

Desarrollando la parte izquierda de la igualdad,

$$
\begin{aligned}
x f_x + y f_y &= x \left(f_u - f_v \frac{1}{x^2} \right) + y \left(f_u - f_v \frac{1}{y^2} \right) = f_u(x + y) - f_v \left(\frac{1}{x} + \frac{1}{y} \right) = \\
&= u f_u - v f_v.
\end{aligned}
$$

Problema 18

Sea $u = f(x, y)$, donde $x(s, t) = e^s \cos(t)$ e $y(s, t) = e^s \sin(t)$. Demuestra que

$$
\left(\frac{\partial u}{\partial x} \right)^2 + \left(\frac{\partial u}{\partial y} \right)^2 = e^{-2s} \left(\left(\frac{\partial u}{\partial s} \right)^2 + \left(\frac{\partial u}{\partial t} \right)^2 \right).
$$

Solución

Las derivadas parciales con respecto a s y t las obtenemos a partir de la regla de la cadena como

$$
\frac{\partial u}{\partial s} = \frac{\partial f}{\partial x} \frac{\partial x}{\partial s} + \frac{\partial f}{\partial y} \frac{\partial y}{\partial s} = f_x e^s \cos(t) + f_y e^s \sin(t),
$$

$$
\frac{\partial u}{\partial t} = \frac{\partial f}{\partial x} \frac{\partial x}{\partial t} + \frac{\partial f}{\partial y} \frac{\partial y}{\partial s} = -f_x e^s \sin(t) + f_y e^s \cos(t),
$$

que elevando al cuadrado resultan

$$
\begin{aligned}
\left(\frac{\partial u}{\partial s} \right)^2 &= e^{2s} \left(f_x \cos(t) + f_y \sin(t) \right)^2 \\
&= e^{2s} \left(f_x^2 \cos^2(t) + f_y^2 \sin^2(t) + 2 f_x f_y \cos(t) \sin(t) \right),
\end{aligned}
$$

$$
\begin{aligned}
\left(\frac{\partial u}{\partial t} \right)^2 &= e^{2s} \left(-f_x \sin(t) + f_y \cos(t) \right)^2 \\
&= e^{2s} \left(f_x^2 \sin^2(t) + f_y^2 \cos^2(t) - 2 f_x f_y \sin(t) \cos(t) \right),
\end{aligned}
$$

luego el término de la derecha de la igualdad es

$$
\left(\frac{\partial u}{\partial s} \right)^2 + \left(\frac{\partial u}{\partial t} \right)^2 = e^{2s} \left(f_x^2 + f_y^2 \right),
$$

que coincide con el término de la izquierda.

3.1.4 Derivadas parciales de orden superior

Problema 19

Obtén la matriz Hessiana de las funciones

(a) $f(x,y) = e^{xy} + \dfrac{x}{y}$,

(b) $f(x,y) = x^4 y^2 - x^3 y$.

Solución

La matriz Hessiana viene determinada por

$$H_f(x,y) = \left[\begin{array}{cc} f_{xx}(x,y) & f_{xy}(x,y) \\ f_{yx}(x,y) & f_{yy}(x,y) \end{array} \right].$$

(a) Calculamos las derivadas parciales segundas

$$f_x(x,y) = ye^{xy} + \frac{1}{y}, \ f_{xx}(x,y) = y^2 e^{xy},$$

$$f_y(x,y) = xe^{xy} - \frac{x}{y^2}, \ f_{yy}(x,y) = x^2 e^{xy} + \frac{2x}{y^3},$$

y las derivadas parciales cruzadas son

$$f_{xy}(x,y) = e^{xy} + xye^{xy} - \frac{1}{y^2} = (1+xy)e^{xy} - \frac{1}{y^2},$$

$$f_{yx}(x,y) = e^{xy} + xye^{xy} - \frac{1}{y^2} = (1+xy)e^{xy} - \frac{1}{y^2}.$$

De este modo, la matriz Hessiana es

$$H_f(x,y) = \left[\begin{array}{cc} y^2 e^{xy} & (1+xy)e^{xy} - \dfrac{1}{y^2} \\ (1+xy)e^{xy} - \dfrac{1}{y^2} & x^2 e^{xy} + \dfrac{2x}{y^3} \end{array} \right].$$

(b) Calculamos las derivadas parciales segundas

$$f_x(x,y) = 4x^3 y^2 - 3x^2 y, \ f_{xx}(x,y) = 12x^2 y^2 - 6xy,$$
$$f_y(x,y) = 2x^4 y - x^3, \ f_{yy}(x,y) = 2x^4,$$

y las derivadas parciales cruzadas son

$$f_{xy}(x,y) = 8x^3y - 3x^2,$$

que al ser continua en $\mathbb{R}^2$ nos permite concluir que $f_{yx}(x,y) = f_{xy}(x,y)$. De este modo, la matriz Hessiana es

$$H_f(x,y) = \begin{bmatrix} 12x^2y^2 - 6xy & 8x^3y - 3x^2 \\ 8x^3y - 3x^2 & 2x^4 \end{bmatrix}.$$

Problema 20

Demuestra que cualquier función de la forma $z(x,t) = f(x+at) + g(x-at)$ es solución de la ecuación de ondas $z_{tt} = a^2 z_{xx}$.

Solución
Nombrando $u = x + at$ y $v = x - at$, tenemos $z(u,v) = f(u) + g(v)$, de forma que las derivadas parciales se obtienen a partir de la regla de la cadena como

$$\frac{\partial z}{\partial x} = \frac{\partial z}{\partial u}\frac{\partial u}{\partial x} + \frac{\partial z}{\partial v}\frac{\partial v}{\partial x} = f_u(u) + g_v(v),$$

$$\frac{\partial^2 z}{\partial x^2} = \frac{\partial}{\partial x}\left[\frac{\partial z}{\partial x}\right] = \frac{\partial u}{\partial x}\frac{\partial}{\partial u}\left[\frac{\partial z}{\partial x}\right] + \frac{\partial v}{\partial x}\frac{\partial}{\partial v}\left[\frac{\partial z}{\partial x}\right] =$$

$$= \frac{\partial}{\partial u}\left[f_u(u) + g_v(v)\right] + \frac{\partial}{\partial v}\left[f_u(u) + g_v(v)\right] = f_{uu}(u) + g_{vv}(v),$$

$$\frac{\partial z}{\partial t} = \frac{\partial z}{\partial u}\frac{\partial u}{\partial t} + \frac{\partial z}{\partial v}\frac{\partial v}{\partial t} = af_u(u) - ag_v(v),$$

$$\frac{\partial^2 z}{\partial t^2} = \frac{\partial}{\partial t}\left[\frac{\partial z}{\partial t}\right] = \frac{\partial u}{\partial t}\frac{\partial}{\partial u}\left[\frac{\partial z}{\partial t}\right] + \frac{\partial v}{\partial t}\frac{\partial}{\partial v}\left[\frac{\partial z}{\partial t}\right] =$$

$$= a\frac{\partial}{\partial u}\left[af_u(u) - ag_v(v)\right] - a\frac{\partial}{\partial v}\left[af_u(u) - ag_v(v)\right] = a^2 f_{uu}(u) + a^2 g_{vv}(v).$$

De modo que

$$z_{tt} = a^2\left(f_{uu}(u) + g_{vv}(v)\right) = a^2 z_{xx}.$$

Problema 21

Sea la función $f(x,y) = x^2 + 3xy^2$ y el punto $P = (1,2)$.

(a) Calcula, utilizando la definición, la derivada direccional de la función f en el punto P, en la dirección $\overrightarrow{PO}$, donde O es el origen de coordenadas,

(b) ¿Es ésta la máxima variación de f en P? ¿Por qué?

Solución

(a) Para calcular la derivada direccional, debemos trabajar con el vector dirección unitario, $v = (v_1, v_2) = \dfrac{(1,2)}{\sqrt{1^2 + 2^2}} = \left(\dfrac{\sqrt{5}}{5}, \dfrac{2\sqrt{5}}{5}\right)$. Así, por definición, la derivada direccional de f en P, siguiendo la dirección v es:

$$
\begin{aligned}
D_v f(1,2) &= \lim_{h \to 0} \frac{f(1 + hv_1, 2 + hv_2) - f(1,2)}{h} \\
&= \lim_{h \to 0} \frac{(1 + hv_1)^2 + 3(1 + hv_1)(2 + hv_2)^2 - 13}{h} \\
&= \lim_{h \to 0} \frac{h(hv_1^2 + 2v_1 + 3hv_2^2 + 12(v_2 + v_1) + 3h^2 v_1 v_2^2 + 12 h v_1 v_2)}{h} \\
&= 14v_1 + 12v_2 = \frac{38}{5}\sqrt{5}.
\end{aligned}
$$

(b) Esta no es la máxima variación de f en P, ya que ésta se da en la dirección del gradiente. En este caso, el gradiente de f en P es

$$
\vec{\nabla} f(x,y) = (2x + 3y^2, 6xy) \ \Rightarrow \ \vec{\nabla} f(1,2) = (14, 12).
$$

Comparando los vectores unitarios:

$$
\frac{\vec{\nabla} f(1,2)}{\|\vec{\nabla} f(1,2)\|} = \left(\frac{7}{\sqrt{85}}, \frac{6}{\sqrt{85}}\right) \neq v.
$$

Por lo que la máxima variación de f en P es $\|\vec{\nabla} f(1,2)\| = 2\sqrt{85}$.

Problema 22

Sea la superficie definida por la función $f(x,y) = \sqrt{2x^2 + 2y^2 + 12}$ y sea el punto $P = (1, -1)$.

(a) Halla la ecuación del plano tangente a la superficie definida por f en el punto P,

(b) Halla la ecuación de la recta normal a la superficie definida por f en el punto P,

(c) Si consideramos el plano tangente como una aproximación lineal de $f(x,y)$, ¿cuál sería el error exacto cometido al aproximar la función en el punto $\left(\dfrac{1}{2}, -\dfrac{1}{2}\right)$?

Solución

(a) Para calcular el plano tangente a f en $(1, -1)$ o, lo que es lo mismo, su aproximación lineal en ese punto, es necesario calcular las derivadas parciales de f en P:

$$f_x(x,y) = \frac{2x}{\sqrt{2x^2 + 2y^2 + 12}} \ \Leftarrow \ f_x(1, -1) = \frac{1}{2},$$

$$f_y(x,y) = \frac{2y}{\sqrt{2x^2 + 2y^2 + 12}} \ \Leftarrow \ f_y(1, -1) = -\frac{1}{2}.$$

Así, la ecuación del plano tangente es

$$z = 4 + \frac{1}{2}(x - 1) - \frac{1}{2}(y + 1) = 3 + \frac{1}{2}(x - y).$$

(b) Además, el vector director de la recta normal a este plano es $\left(\dfrac{1}{2}, -\dfrac{1}{2}, -1\right)$ y, por tanto, la ecuación de la recta normal en P en forma paramétrica, es

$$\left.\begin{array}{rcl} x & = & 1 + \dfrac{1}{2}t, \\[2mm] y & = & -1 - \dfrac{1}{2}t, \\[2mm] z & = & 4 - t. \end{array}\right\}$$

(c) Finalmente, el error exacto al aproximar $f(x,y) = \sqrt{2x^2 + 2y^2 + 12}$ en el punto $P = \left(\dfrac{1}{2}, -\dfrac{1}{2}\right)$ por su plano tangente es

$$E = \left| f\left(\frac{1}{2}, -\frac{1}{2}\right) - \left(3 + \frac{1}{2}\left(\frac{1}{2} + \frac{1}{2}\right)\right) \right| = \left| \sqrt{13} - \frac{7}{2} \right|.$$

Problema 23

Estudia la diferenciabilidad de la función

$$f(x,y) = \left\{ \begin{array}{ll} \dfrac{xy}{x^2 + y^2}, & (x,y) \neq (0,0), \\[3mm] 0, & (x,y) = (0,0), \end{array} \right.$$

en todo su dominio.

Solución
Si $(x,y) \neq (0,0)$, la función $f(x,y)$ es diferenciable por ser cociente de funciones diferenciables (polinómicas) cuyo denominador no se anula. Por tanto, $f(x,y)$ es diferenciable, al menos, en $\mathbb{R}^2 \setminus \{(0,0)\}$.

Veamos qué ocurre si $(x,y) = (0,0)$, estudiando su continuidad en el origen. Sabemos que existe la imagen, $f(0,0) = 0$, pero al calcular su límite utilizando coordenadas polares,

$$\lim_{(x,y)\to(0,0)} f(x,y) = \lim_{\rho\to(0,0)} \frac{xy}{x^2 + y^2} = \lim_{\rho\to 0} \frac{\rho^2 \sin\theta \cos\theta}{\rho^2} = \lim_{\rho\to 0} \sin\theta \cos\theta,$$

que no existe y, por tanto, la función no es continua en el origen y tampoco puede ser diferenciable (ya que diferenciabilidad implica continuidad).

Problema 24

Dada la superficie $z = f(x, y) = \sqrt{1 - x^2 - y^2}$, utiliza la regla de la cadena para demostrar que

$$\frac{\sqrt{1 - \rho^2}}{\rho} \frac{\partial f}{\partial \rho} + \frac{\sqrt{1 - \theta^2}}{\theta} \frac{\partial f}{\partial \theta} = -1,$$

donde ρ y θ son las coordenadas polares.

Solución

En coordenadas polares, $x(\rho, \theta) = \rho \cos(\theta)$ e $y(\rho, \theta) = \rho \sin(\theta)$. Para calcular $\dfrac{\partial f}{\partial \rho}$ utilizamos la regla de la cadena como

$$\frac{\partial f}{\partial \rho} = \frac{\partial f}{\partial x} \frac{\partial x}{\partial \rho} + \frac{\partial f}{\partial y} \frac{\partial y}{\partial \rho} = \frac{\partial f}{\partial x} \cos(\theta) + \frac{\partial f}{\partial y} \sin(\theta).$$

Por otra parte,

$$\frac{\partial f}{\partial x} = \frac{-x}{\sqrt{1 - x^2 - y^2}} = \frac{-\rho \cos(\theta)}{\sqrt{1 - \rho^2}}, \quad \frac{\partial f}{\partial y} = \frac{-y}{\sqrt{1 - x^2 - y^2}} = \frac{-\rho \sin(\theta)}{\sqrt{1 - \rho^2}},$$

de modo que

$$\frac{\partial f}{\partial \rho} = \frac{-\rho(\cos^2(\theta) + \sin^2(\theta))}{\sqrt{1 - \rho^2}} = \frac{-\rho}{\sqrt{1 - \rho^2}}.$$

Calculemos ahora $\dfrac{\partial f}{\partial \theta}$ utilizando, de nuevo, la regla de la cadena:

$$\frac{\partial f}{\partial \theta} = \frac{\partial f}{\partial x} \frac{\partial x}{\partial \theta} + \frac{\partial f}{\partial y} \frac{\partial y}{\partial \theta} = \frac{-\rho \cos(\theta)}{\sqrt{1 - \rho^2}} (-\rho \sin(\theta)) + \frac{-\rho \sin(\theta)}{\sqrt{1 - \rho^2}} (\rho \cos(\theta)) = 0.$$

Así,

$$\frac{\sqrt{1 - \rho^2}}{\rho} \frac{\partial f}{\partial \rho} + \frac{\sqrt{1 - \theta^2}}{\theta} \frac{\partial f}{\partial \theta} = \frac{\sqrt{1 - \rho^2}}{\rho} \frac{-\rho}{\sqrt{1 - \rho^2}} + \frac{\sqrt{1 - \theta^2}}{\theta} \cdot 0 = -1.$$

Problema 25

Consideremos la función

$$f(x,y) = \frac{x^3 + xy^2}{xy}.$$

(a) Analiza de forma razonada la continuidad y diferenciabilidad de esta función en $(0,0)$,

(b) Calcula la derivada direccional de $f(x,y)$ en el punto $(1,1)$ y la dirección que forma un ángulo de $\pi/6$ rad con el eje positivo OX,

(c) Obtén la ecuación de la recta normal a la superficie $z = f(x,y)$ en el punto $(1,1)$. ¿Pasa esta recta por el origen de coordenadas?

Solución

(a) La función puede simplificarse quedando de la forma

$$f(x,y) = \frac{x^3 + xy^2}{xy} = \frac{x^2 + y^2}{y},$$

por lo que tomando coordenadas polares resulta

$$\lim_{(x,y)\to(0,0)} \frac{x^2 + y^2}{y} = \lim_{\rho\to 0} \frac{\rho}{\operatorname{sen}(\theta)}$$

y dado que este límite no existe ya que depende de θ la función es discontinua en $(0,0)$ y por tanto no puede ser diferenciable en el origen.

(b) En el punto $(1,1)$ la función es composición de funciones diferenciables por tanto podemos calcular la derivada direccional en un punto (a,b) y una dirección de ángulo α usando la caracterización del vector gradiente:

$$D_{\vec{v}}f(a,b) = \left(\frac{\partial f(a,b)}{\partial x}, \frac{\partial f(a,b)}{\partial y} \right) \cdot (\cos(\alpha), \sin(\alpha)),$$

resultando en este caso: $\dfrac{\partial f(x,y)}{\partial x} = \dfrac{2x}{y}$ y $\dfrac{\partial f(x,y)}{\partial y} = \dfrac{y^2 - x^2}{y^2}$

y por tanto

$$D_{\vec{v}}f(1,1) = (2,0) \cdot \left(\cos\left(\frac{\pi}{6}\right), \sin\left(\frac{\pi}{6}\right) \right) = (2,0) \cdot \left(\frac{\sqrt{3}}{2}, 1/2 \right) = \sqrt{3}.$$

(c) La recta normal a la superficie $z = f(x,y) = \dfrac{x^2 + y^2}{y}$ en el punto $(1,1,f(1,1)) = (1,1,2)$ tiene como vector director el vector normal al plano tangente en ese punto, es decir,

$$\left(\frac{\partial f(1,1)}{\partial x}, \frac{\partial f(1,1)}{\partial y}, -1 \right) = (2,0,-1),$$

por lo que la recta pedida tiene como ecuación paramétrica

$$\begin{cases} x &= 1 + 2t, \\ y &= 1, \\ z &= 2 - t. \end{cases}$$

La recta está contenida en el plano $y = 1$ por lo que no pasa por el origen de coordenadas.

Problema 26

Sea la función $f(x,y) = \sqrt{(x-1)y}$.

(a) Determina el dominio y la imagen de f,

(b) Analiza la continuidad de la función

$$h(x,y) = \frac{(f(x,y))^2}{x^2 + y^2},$$

en todo el plano, tomando $h(0,0) = 0$,

(c) ¿Es $h(x,y)$ diferenciable en $(-1,-1)$? Si lo es, obtén el plano tangente a la superficie en dicho punto,

(d) Aplica la regla de la cadena para obtener $\partial f(u,v)/\partial u$, siendo $x = 3^{uv}$, $y = (uv)^3$ y f la función de partida.

Solución

(a) El dominio de f viene dado por el subconjunto de $\mathbb{R}^2$ de manera que el radicando sea positivo, es decir $(x-1)y \geq 0$ por lo tanto puede expresarse como

$$Dom\{f\} = \{(x,y) \in \mathbb{R}^2 : \{x \geq 1, \text{ e } y \geq 0\} \cup \{x \leq 1, \text{ e } y \leq 0\}\}.$$

La imagen de la función es $[0, +\infty[$.

(b) La función $h(x,y)$ viene dada por

$$h(x,y) = \begin{cases} \dfrac{xy - y}{x^2 + y^2}, & \text{si } (x,y) \neq (0,0), \\ 0, & \text{si } (x,y) = (0,0). \end{cases}$$

Está bien definida en $\mathbb{R}^2$ luego basta con analizar la continuidad en el origen de coordenadas, calculando el límite

$$\lim_{(x,y)\to(0,0)} \frac{xy - y}{x^2 + y^2}.$$

Sí analizamos los límites iterados tenemos que

$$\lim_{x\to 0}\left(\lim_{y\to 0}\frac{xy - y}{x^2 + y^2}\right) = 0,$$

$$\lim_{y\to 0}\left(\lim_{x\to 0}\frac{xy - y}{x^2 + y^2}\right) = \lim_{y\to 0}\frac{-1}{y},$$

por lo que la función no puede ser continua en el origen.

(c) En $(-1,-1)$ la función $h(x,y)$ es composición de funciones diferenciables por tanto podemos calcular su plano tangente en dicho punto y viene dado por

$$z = h(-1,-1) + h_x(-1,-1)(x+1) + h_y(-1,-1)(y+1).$$

Obteniendo las evaluaciones de la función y sus derivadas parciales en el punto dado se tiene el plano tangente a la superficie $z = 1 + \dfrac{1}{2}(x+1)$.

(d) Aplicando la regla de la cadena tenemos

$$\frac{\partial f}{\partial u} = \frac{\partial f}{\partial x}\frac{\partial x}{\partial u} + \frac{\partial f}{\partial y}\frac{\partial y}{\partial u} =$$

$$= \frac{y}{2\sqrt{(x-1)y}}3^{uv}v\log(3) + \frac{x-1}{2\sqrt{(x-1)y}}3v(uv)^2.$$

Basta sustituir x e y por sus valores para obtener el resultado en función de u y v como

$$\frac{\partial f(u,v)}{\partial u} = \frac{3^{uv}u^2v^3}{2\sqrt{3^{uv}(uv)^3}}(uv\log(3)+3).$$

Problema 27

La superficie exterior de un volcán viene modelizada por la función

$$f(x,y) = 120 - 0.002x^2 - 0.005y^2.$$

(a) Calcula la altura máxima del volcán. Determina e identifica las curvas del nivel del volcán,

(b) Un excursionista se encuentra en el punto del volcán de coordenadas $(30,10)$ cuando éste entra en erupción,

   (i) ¿A qué altura se encuentra el excursionista?

   (ii) ¿En qué dirección debe correr para comenzar a bajar al mayor ritmo posible?

   (iii) ¿Cuál será ese ritmo?

Solución

(a) La función $f(x,y) = 120-0.002x^2-0.005y^2$ describe un paraboloide elíptico invertido que presenta en el punto $(0,0)$ un máximo absoluto, de valor 120. Esta es, por tanto, la altura máxima del volcán. Las curvas de nivel del volcán están descritas por $k = 120 - 0.002x^2 - 0.005y^2$, siendo $k \leq 120$, o equivalentemente, por

$$\frac{x^2}{500(120-k)} + \frac{y^2}{200(120-k)} = 1.$$

Las curvas de nivel son, por tanto, elipses de semieje mayor $500(120 - k)$ y semieje menor $200(120 - k)$ centradas en el origen de coordenadas.

(b) La altura a la que se encuentra el excursionista ubicado en el punto de coordenadas $(30, 10)$ es $z = f(30, 10) = 117.7$.

Para calcular la dirección de bajada con mayor ritmo posible, utilizaremos el concepto de derivada direccional. Como la función $z = f(x, y) = 120 - 0.002x^2 - 0.005y^2$ es diferenciable en todo $\mathbb{R}^2$ (por ser polinómica), dicha derivada direccional puede calcularse como el producto escalar del vector gradiente $\overrightarrow{\nabla f(30, 10)}$ por el vector unitario de la dirección.

En este caso, la dirección de máximo ritmo es la dirección del vector gradiente, $\overrightarrow{\nabla f(30, 10)} = (-0.12, -0.1)$. Además, el ritmo máximo será su módulo $|\overrightarrow{\nabla f(30, 10)}| = \sqrt{0.0244}$.

Problema 28

Considera la función $f(x, y) = \sqrt{25 - x^2 - y^2}$ y la semiesfera que define su gráfica $z = f(x, y)$.

(a) Determina el plano tangente a la semiesfera en el punto $(3, 0, 4)$,

(b) ¿Existe algún punto de la semiesfera en el cual el plano tangente sea paralelo a $3x - y + 3z = 1$? Calcúlalo en caso afirmativo,

(c) Calcula la recta normal en un punto genérico $(x_0, y_0, f(x_0, y_0))$ de la semiesfera. ¿Pasa siempre por el centro $(0, 0, 0)$?

Solución

(a) El plano tangente a $z = f(x, y)$ en el punto $(3, 0, 4)$ viene dado por la expresión

$$z = f(3, 0) + f_x(3, 0)(x - 3) + f_y(3, 0)y.$$

Calculemos las derivadas parciales

$$f_x(x, y) = -\frac{x}{\sqrt{25 - x^2 - y^2}} \rightarrow f_x(3, 0) = -\frac{3}{4},$$
$$f_y(x, y) = -\frac{y}{\sqrt{25 - x^2 - y^2}} \rightarrow f_y(3, 0) = 0,$$

por lo que el plano tangente es

$$z = 4 - \frac{3}{4}(x - 3) = \frac{25 - 3x}{4}.$$

(b) Para que los planos tangentes sean paralelos, sus vectores normales deben ser proporcionales. El plano $3x - y + 3z = 1$ tiene como vector normal $\vec{n} = (3, -1, 3)$. El plano tangente a la semiesfera en cualquier punto $(x_0, y_0, f(x_0, y_0))$ tiene como vector normal

$$\vec{v} = (-f_x(x_0, y_0), -f_y(x_0, y_0), 1) = \left(\frac{x_0}{\sqrt{25 - x_0^2 - y_0^2}}, \frac{y_0}{\sqrt{25 - x_0^2 - y_0^2}}, 1 \right).$$

Por tanto, se debe cumplir

$$\vec{n} = \lambda \vec{v} \leftrightarrow \begin{cases} 3 = \lambda \dfrac{x_0}{\sqrt{25 - x_0^2 - y_0^2}} \\ -1 = \lambda \dfrac{y_0}{\sqrt{25 - x_0^2 - y_0^2}} \\ 3 = \lambda \end{cases} \overset{\lambda = 3}{\longleftrightarrow} \begin{cases} x_0 = \sqrt{25 - x_0^2 - y_0^2} \\ y_0 = -\dfrac{1}{3}\sqrt{25 - x_0^2 - y_0^2} \end{cases}$$

por lo que $y_0 = -\dfrac{x_0}{3}$. Resolviendo sobre $x_0 = \sqrt{25 - x_0^2 - y_0^2}$,

$$x_0 = \sqrt{25 - x_0^2 - \frac{x_0^2}{9}} \leftrightarrow x_0^2 = 25 - x_0^2 - \frac{x_0^2}{9} \leftrightarrow \frac{19}{9}x_0^2 = 25 \leftrightarrow x_0 = \frac{15}{\sqrt{19}}.$$

Así, $y_0 = -\dfrac{x_0}{3} = -\dfrac{5}{\sqrt{19}}$ y $z_0 = f(x_0, y_0) = \sqrt{25 - \dfrac{225}{19} - \dfrac{25}{19}} = \dfrac{15}{\sqrt{19}}.$

De este modo, en el punto $\left(\dfrac{15}{\sqrt{19}}, -\dfrac{5}{\sqrt{19}}, \dfrac{15}{\sqrt{19}} \right)$ el plano tangente a la semiesfera es paralelo al plano $3x - y + 3z = 1$.

(c) La recta normal a la esfera en el punto $(x_0, y_0, f(x_0, y_0))$ tiene como vector director $\vec{v} = (-f_x(x_0, y_0), -f_y(x_0, y_0), 1)$, luego la ecuación de la recta es

$$(x, y, z) = (x_0, y_0, f(x_0, y_0)) + t\left(-f_x(x_0, y_0), -f_y(x_0, y_0), 1\right).$$

Calculemos el valor de t para que la recta pase por el punto $(0,0,0)$:

$$\begin{cases} 0 = x_0 - tf_x(x_0, y_0), \\ 0 = y_0 - tf_y(x_0, y_0), \\ 0 = f(x_0, y_0) + t. \end{cases}$$

De la tercera ecuación se deduce que $t = -f(x_0, y_0)$. Por tanto, en cualquier punto de la semiesfera todas las rectas normales a la superficie pasan por el origen.

Problema 29

Considera la función $f(x, y) = e^{x^2+y^2} + \cos\left(\pi(x^2 - y^2)\right)$ y el punto $P = (1,1)$.

(a) Calcula las derivadas parciales de f y el vector gradiente de f en P, $\vec{\nabla} f(1,1)$,

(b) Justifica si la función es diferenciable en P. ¿Cuál es la dirección $\vec{v}$ de máxima pendiente de f en P? ¿Cuál es la razón de cambio de f en dicha dirección $\vec{v}$? Encuentra todas las direcciones $\vec{u}$ para las que $D_{\vec{u}}f(1,1) = e^2$,

(c) Determina la ecuación del plano tangente y de la recta normal a la gráfica de f en P.

Solución

(a) Las derivadas parciales de f son

$$f_x(x, y) = 2xe^{x^2+y^2} - 2\pi x \sin\left(\pi(x^2 - y^2)\right),$$
$$f_y(x, y) = 2ye^{x^2+y^2} + 2\pi y \sin\left(\pi(x^2 - y^2)\right).$$

El vector gradiente en P viene determinado por las derivadas parciales evaluadas en P como

$$\vec{\nabla} f(1,1) = (f_x(1,1), f_y(1,1)) = 2e^2\,(1,1).$$

(b) Vemos que las derivadas parciales son continuas en $\mathbb{R}^2$, de modo que f es diferenciable en $\mathbb{R}^2$.

La dirección de máxima pendiente viene determinada por el gradiente de la función en P, de modo que dicha dirección es $\vec{v} = 2e^2(1,1)$, siendo la razón de cambio $\|\vec{v}\| = 2e^2\sqrt{1^2 + 1^2} = 2\sqrt{2}e^2$.

Al ser f diferenciable, podemos obtener las derivadas direccionales en la dirección de $\vec{u} = (u_1, u_2)$ como $D_{\vec{u}}f(P) = \langle \vec{\nabla}f(P), \vec{u} \rangle$, de modo que planteamos

$$D_{\vec{u}}f(1,1) = e^2 \leftrightarrow \langle 2e^2(1,1), (u_1, u_2) \rangle = e^2 \leftrightarrow 2e^2\,(u_1 + u_2) = e^2 \leftrightarrow$$
$$\leftrightarrow 2(u_1 + u_2) = 1.$$

Como el vector $\vec{u}$ debe ser unitario, tiene que cumplir $u_1^2 + u_2^2 = 1$. Así que planteamos el sistema de ecuaciones

$$\begin{cases} 2(u_1 + u_2) = 1, \\ u_1^2 + u_2^2 = 1, \end{cases}$$

cuya solución es $\vec{u} = \left(\dfrac{1 \mp \sqrt{7}}{4}, \dfrac{1 \pm \sqrt{7}}{4} \right)$.

(c) La ecuación del plano tangente a la función en el punto P viene dado por

$$\begin{aligned} z &= f(1,1) + f_x(1,1)(x-1) + f_y(1,1)(y-1) \\ &= 1 + e^2 + 2e^2(x-1) + 2e^2(y-1) = 1 - 3e^2 + 2e^2(x+y). \end{aligned}$$

La recta normal tiene como vector director $\vec{v} = (-f_x(1,1), -f_y(1,1), 1) = (-2e^2, -2e^2, 1)$ por lo que su expresión es

$$(x, y, z) = (1, 1, 1 + e^2) + t\left(-2e^2, -2e^2, 1\right).$$

Problema 30

Sea f una función diferenciable de dos variables y $z = f(u, v)$, con $u = x - \dfrac{y}{2}$ y $v = x + \dfrac{y}{2}$. Comprueba que f satisface la ecuación

$$\frac{\partial^2 f}{\partial x^2} - 4\frac{\partial^2 f}{\partial y^2} = 4\frac{\partial^2 f}{\partial u \partial v}.$$

Solución

Aplicando la regla de la cadena, vamos a calcular cada uno de los términos que aparecen en la ecuación en derivadas parciales. Para las parciales primeras, se obtiene:

$$\frac{\partial f}{\partial x} = \frac{\partial f}{\partial u}\frac{\partial u}{\partial x} + \frac{\partial f}{\partial v}\frac{\partial v}{\partial x} = f_u + f_v,$$

$$\frac{\partial f}{\partial y} = \frac{\partial f}{\partial u}\frac{\partial u}{\partial y} + \frac{\partial f}{\partial v}\frac{\partial v}{\partial y} = \frac{-1}{2}f_u + \frac{1}{2}f_v.$$

En cuanto a las parciales segundas, y teniendo en cuenta que las parciales cruzadas coinciden por ser f diferenciable, tenemos:

$$\frac{\partial^2 f}{\partial x^2} = \frac{\partial}{\partial u}(f_u + f_v)\frac{\partial u}{\partial x} + \frac{\partial}{\partial v}(f_u + f_v)\frac{\partial v}{\partial x} = f_{uu} + f_{vu} + f_{uv} + f_{vv}$$

$$= f_{uu} + 2f_{vu} + f_{vv},$$

$$\frac{\partial^2 f}{\partial y^2} = \frac{\partial}{\partial u}\left(\frac{-1}{2}f_u + \frac{1}{2}f_v\right)\frac{\partial u}{\partial x} + \frac{\partial}{\partial v}\left(\frac{-1}{2}f_u + \frac{1}{2}f_v\right)\frac{\partial v}{\partial x}$$

$$= \left(\frac{-1}{2}f_{uu} + \frac{1}{2}f_{vu}\right)\frac{-1}{2} + \left(\frac{-1}{2}f_{uv} + \frac{1}{2}f_{vv}\right)\frac{1}{2}$$

$$= \frac{1}{4}f_{uu} - \frac{1}{4}f_{vu} - \frac{1}{4}f_{uv} + \frac{1}{4}f_{vv} = \frac{1}{4}f_{uu} - \frac{1}{2}f_{uv} + \frac{1}{4}f_{vv}.$$

Por tanto,

$$\frac{\partial^2 f}{\partial x^2} - 4\frac{\partial^2 f}{\partial y^2} = f_{uu} + 2f_{uv} + f_{vv} - f_{uu} + 2f_{uv} - f_{vv} = 4f_{uv} = \frac{\partial^2 f}{\partial u \partial v}.$$

Problema 31

Determina los valores de las constantes a, b y c tales que la derivada direccional de $f(x,y,z) = axy^2 + byz + cz^2x^3$ en el punto $(1,2,-1)$ tenga un valor máximo 64 en la dirección del semieje positivo OZ.

Solución

Como la función f es diferenciable en $\mathbb{R}^2$,

$$D_{\vec{v}}f(1,2,-1) = \left\langle \vec{\nabla}f(1,2,-1), \vec{v}\right\rangle = 64.$$

El vector $\vec{v} = (0, 0, 1)$, de modo que

$$D_{\vec{v}} f(1, 2, -1) = \left\langle \vec{\nabla} f(1, 2, -1), (0, 0, 1) \right\rangle = f_z(1, 2, -1).$$

La dirección de máximo crecimiento de la función debe ser la del gradiente, por lo que $f_x(1, 2, -1) = 0$ y $f_y(1, 2, -1) = 0$. Calculemos pues las derivadas parciales en el punto $(1, 2, -1)$ y obtengamos el sistema

$$\begin{aligned}
f_x(x, y, z) &= ay^2 + 3cx^2 z^2 \rightarrow f_x(1, 2, -1) = 4a + 3c, \\
f_y(x, y, z) &= 2axy + bz \rightarrow f_y(1, 2, -1) = 4a - b, \\
f_z(x, y, z) &= by + 2cx^3 z \rightarrow f_z(1, 2, -1) = 2b - 2c,
\end{aligned}$$

de modo que

$$\begin{cases}
f_x(1, 2, -1) = 0 & \leftrightarrow \quad 4a + 3c = 0, \\
f_y(1, 2, -1) = 0 & \leftrightarrow \quad 4a - b = 0, \\
f_z(1, 2, -1) = 64 & \leftrightarrow \quad 2b - 2c = 64.
\end{cases}$$

Resolviendo el sistema lineal formado por estas tres ecuaciones, llegamos a que $a = 6$, $b = 24$ y $c = -8$.

Problema 32

Consideremos la función de dos variables $f(x, y) = x^n e^{xy^2}$.

(a) Calcula el valor de n para que $f(x, y)$ sea solución de

$$\frac{\partial f}{\partial x} - \frac{1}{2} \frac{y}{x} \frac{\partial f}{\partial y} = 3x^2 e^{xy^2}.$$

(b) Con el valor de n obtenido en el apartado (a), determina el plano tangente a la superficie $z = f(x, y)$ en el punto $(1, 0, 1)$. El plano obtenido, ¿es paralelo al plano $6x - 2z - 2 = 0$?

Solución

(a) Calculamos las parciales de f con respecto a x y a y.

$$\begin{aligned}
f_x(x, y) &= nx^{n-1} e^{xy^2} + x^n y^2 e^{xy^2} = e^{xy^2} (nx^{n-1} + x^n y^2), \\
f_y(x, y) &= 2x^{n+1} y e^{xy^2}.
\end{aligned}$$

Sustituyendo en la ecuación en derivadas parciales

$$e^{xy^2}\left(nx^{n-1} + x^n y^2\right) - \frac{1}{2}\frac{y}{x}2x^{n+1}ye^{xy^2} = 3x^2 e^{xy^2}.$$

Como $e^{xy^2} \neq 0$ para cualesquiera x e y, podemos simplificar la ecuación anterior

$$nx^{n-1} + x^n y^2 - x^n y^2 = 3x^2 \leftrightarrow nx^{n-1} = 3x^2,$$

de donde concluimos que $n = 3$.

(b) El plano tangente a la superficie $z = f(x,y)$ en el punto $(1,0,1)$ tiene por ecuación

$$z - f(1,0) = f_x(1,0)(x - 1) + f_y(1,0)(y - 0),$$

es decir,

$$z - 1 = 3(x - 1) + 0(y - 0), \Rightarrow 3x - z - 2 = 0,$$

que es paralelo al plano $6x - 2z - 2 = 0$ al tener vectores normales proporcionales.

3.2 Problemas propuestos

1   Calcula las derivadas parciales de las funciones en el punto P.

(a) $f(x,y) = \ln\left(x + \sqrt{x^2 + y^2}\right), P = (3,4)$,

(b) $g(x,y) = x(x^2 + y^2)^{-3/2}e^{\sin(x^2 y)}, P = (1,0)$,

(c) $h(x,y) = \cosh(x)\cos(y), P = (1,0)$,

(d) $i(x,y,z) = \sqrt{\cos(x^2) + \cos(y^2) + \sin(z^2)}, P = \left(0,0,-\frac{\pi}{2}\right)$.

Solución

(a) $f_x(3,4) = \dfrac{1}{5}, f_y(3,4) = \dfrac{1}{10}$,

(b) $g_x(1,0) = -2, g_y(1,0) = 1$,

(c) $h_x(1,0) = \sinh(1), h_y(1,0) = 0$,

(d) $i_x\left(0,0,-\dfrac{\pi}{2}\right) = 0, i_y\left(0,0,-\dfrac{\pi}{2}\right) = 0, i_z\left(0,0,-\dfrac{\pi}{2}\right) = -\dfrac{\pi\cos\left(\dfrac{\pi^2}{4}\right)}{2\sqrt{2+\sin\left(\dfrac{\pi^2}{4}\right)}}.$

2 La ley de gases para una masa fija m de un gas ideal a temperatura T, presión P y volumen V viene dada por $PV = mRT$, donde R es una constante de gases. Demuestra que

(a) $P_V V_T T_P = -1$,

(b) $T P_T V_T = mR$.

3 Halla la ecuación del plano tangente al hiperboloide $z^2 - 2x^2 - 2y^2 - 12 = 0$ en el punto $P = (1, -1, 4)$.

Solución
$-x + y + 2z = 6$.

4 Demuestra que cualquier plano tangente al cono $z^2 = x^2 + y^2$ pasa por el origen de coordenadas.

5 Calcula el ángulo α de inclinación del plano tangente al elipsoide $\dfrac{x^2}{12} + \dfrac{y^2}{12} + \dfrac{z^2}{3} = 1$ en el punto $P = (2, 2, 1)$.

Solución
$\alpha = \arccos\left(\sqrt{\dfrac{2}{3}}\right).$

6 En un punto (x, y, z) del espacio la temperatura T viene dada por $T(x, y, z) = \dfrac{80}{1 + x^2 + 2y^2 + 3z^2}$. Determina la dirección de máxima variación y dicho valor.

Solución

La dirección de máxima variación es $\left(-\dfrac{5}{8}, -\dfrac{5}{4}, \dfrac{15}{4} \right)$ y su valor es $\dfrac{5\sqrt{41}}{8}$.

7 Estudia la diferenciabilidad de la función $f(x, y)$.

(a) $f(x, y) = \begin{cases} \dfrac{x}{y^2}, & y \neq 0, \\ 0, & y = 0, \end{cases}$

(b) $f(x, y) = \begin{cases} \dfrac{x}{x^2 + y^2}, & (x, y) \neq (0, 0), \\ 0, & (x, y) = (0, 0). \end{cases}$

Solución

(a) f es diferenciable en $\{(x, y) \in \mathbb{R}^2 : y \neq 0)\}$,
(b) f es diferenciable en $\mathbb{R}^2 \setminus \{(0, 0)\}$.

8 Determina las derivadas parciales z_x y z_y si $z = f(u, v)$, siendo

$$u = \ln(x^2 - y^2) \text{ y } v = xy^2.$$

Solución

$z_x = f_u \dfrac{2x}{x^2 - y^2} + f_v y^2,\ z_y = 2y \left(\dfrac{f_u}{y^2 - x^2} + x f_v \right).$

9 Demuestra que la función $u(x, y) = e^x \sin(y)$ es solución de la ecuación de Laplace $u_{xx}(x, y) + u_{yy}(x, y) = 0$.

10 Obtén la matriz Hessiana de las funciones

(a) $f(x, y) = \sin\left((2x + 3y)\pi\right)$,

(b) $g(x, y) = \dfrac{e^{xy^2}}{xy^2}$.

Solución

(a) $H_f(x, y) = -\pi^2 \sin(\pi(2x + 3y)) \begin{bmatrix} 4 & 6 \\ 6 & 9 \end{bmatrix}$,

(b) $H_g(x, y) = \dfrac{e^{xy^2}}{xy^2} \begin{bmatrix} \dfrac{x^2y^4 - 2xy^2 + 2}{x^2} & 2\dfrac{x^2y^4 - xy^2 + 1}{xy} \\ 2\dfrac{x^2y^4 - xy^2 + 1}{xy} & 2\dfrac{2x^2y^4 - 3xy^2 + 3}{y^2} \end{bmatrix}$.

Capítulo 4

Aplicaciones de la diferenciabilidad en funciones de varias variables

La diferenciabilidad de funciones de varias variables tiene numerosas y diferentes aplicaciones.

Una de ellas es la obtención de polinomios de Taylor para varias variables, consiguiendo aproximar una función por un plano si tomamos el desarrollo para grado 1 o por una superficie cuadrática para grado 2.

Otra de las aplicaciones es la obtención de extremos de una función. Si hablamos de extremos libres, analizaremos en qué puntos del dominio la función presenta máximos y mínimos. En el caso de los extremos condicionados, estudiaremos los extremos sujetos a diferentes condiciones.

4.1 Problemas resueltos

El último capítulo lo dedicamos a las aplicaciones de la diferenciabilidad en funciones de varias variables. La primera parte trata acerca del cálculo del polinomio de Taylor en varias variables. La segunda parte se centra en la obtención de extremos de una función escalar multidimensional, tanto en el caso de extremos libres como cuando existen restricciones.

Los problemas del 21 en adelante se corresponden con problemas que han aparecido en diferentes exámenes de la asignatura.

4.1.1 Polinomio de Taylor en varias variables

Problema 1

Sea $f(x, y) = xe^{xy}$. Obtén su aproximación por el polinomio de Taylor de primer y segundo grado alrededor del punto $P = (1, 0)$. Calcula el error exacto al utilizar los polinomios de Taylor para aproximar la función en el punto $Q = (1.1, -0.1)$.

Solución
Para calcular los polinomios de Taylor hasta grado 2 necesitamos conocer las derivadas de primer y segundo orden de la función f.

$$f_x(x, y) = (1 + xy)e^{xy}, \qquad f_{xx}(x, y) = ye^{xy}(2 + xy),$$
$$f_y(x, y) = x^2 e^{xy}, \qquad f_{yy}(x, y) = x^3 e^{xy},$$
$$f_{xy}(x, y) = xe^{xy}(2 + xy), \quad f_{yx}(x, y) = f_{xy}(x, y),$$

ya que $f_{xy}(x, y)$ es continua en $\mathbb{R}^2$. El polinomio de Taylor de primer grado alrededor del punto $(1, 0)$ tiene la expresión

$$p_1(x, y) = f(1, 0) + f_x(1, 0)(x - 1) + f_y(1, 0)y = 1 + 1(x - 1) + 1 \cdot y = x + y.$$

El polinomio de Taylor de segundo grado alrededor del punto $(1, 0)$ tiene la expresión

$$
\begin{aligned}
p_2(x, y) &= p_1(x, y) + \frac{1}{2}\left(f_{xx}(1, 0)(x - 1)^2 + 2f_{xy}(1, 0)(x - 1)y + f_{yy}(1, 0)y^2\right) \\
&= x + y + \frac{1}{2}\left(0 \cdot (x - 1)^2 + 2 \cdot 2(x - 1)y + 1 \cdot y^2\right) \\
&= x - y + 2xy + \frac{y^2}{2}.
\end{aligned}
$$

Al utilizar los polinomios de Taylor para evaluar una función estamos obteniendo una aproximación. La aproximación de la función en el punto Q por el polinomio de primer grado es

$$p_1(1.1, 0.1) = 1.1 + 0.1 = 1.2,$$

mientras la aproximación por el polinomio de segundo grado en el punto Q es

$$p_2(1.1, 0.1) = 1.1 - 0.1 + 2 \cdot 1.1 \cdot 0.1 + \frac{0.1^2}{2} = 1 + 2\frac{11}{10}\frac{1}{10} + \frac{1}{200} = \frac{245}{200} = \frac{49}{40}.$$

Así que el error cometido en cada caso es

$$E_1(1.1, 0.1) = |f(1.1, 0.1) - p_1(1.1, 0.1)| = 1.1e^{11/100} - 1.2 = 0.027906,$$
$$E_2(1.1, 0.1) = |f(1.1, 0.1) - p_2(1.1, 0.1)| = 1.1e^{11/100} - \frac{49}{40} = 0.002906.$$

Problema 2

Calcula la aproximación de las siguientes funciones por su polinomio de Taylor de primer grado en el punto $P = (1, 1)$. Obtén en cada caso el error de la aproximación en el punto $(0.9, 1.01)$.

(a) $f(x, y) = \sqrt{xy^2}$,

(b) $f(x, y) = \dfrac{y}{x}$,

(c) $f(x, y) = x^2 y^3$.

Solución

El polinomio de Taylor de primer grado en $(1, 1)$ viene dado por

$$p_1(x, y) = f(1, 1) + f_x(1, 1)(x - 1) + f_y(1, 1)(y - 1),$$

mientras que el error de la aproximación será

$$
\begin{aligned}
R_1(0.9, 1.01) &= \frac{1}{2}[(0.9 - 1)^2 f_{xx}(\xi, \psi) + 2(0.9 - 1)(1.01 - 1)f_{xy}(\xi, \psi) + \\
&\quad + (1.01 - 1)^2 f_{yy}(\xi, \psi)] \\
&= \frac{1}{2}\left[\frac{1}{100}f_{xx}(\xi, \psi) - \frac{2}{1000}f_{xy}(\xi, \psi) + \frac{1}{10000}f_{yy}(\xi, \psi)\right] \\
&= \frac{1}{20000}[100 f_{xx}(\xi, \psi) - 20 f_{xy}(\xi, \psi) + f_{yy}(\xi, \psi)].
\end{aligned}
$$

115

(a) Vemos que $f(1,1) = 1$. Calculamos las derivadas parciales de primer orden y las evaluamos en el punto $P = (1,1)$.

$$f_x(x,y) = \frac{y}{2\sqrt{x}} \rightarrow f_x(1,1) = \frac{1}{2}, \quad f_y(x,y) = \sqrt{x} \rightarrow f_y(1,1) = 1.$$

El polinomio de Taylor es

$$z = 1 + \frac{x-1}{2} + y - 1 = \frac{x}{2} + y - \frac{1}{2}.$$

Calculamos las derivadas parciales de segundo orden.

$$f_{xx}(x,y) = -\frac{y}{4\sqrt{x^3}}, \quad f_{xy}(x,y) = \frac{1}{2\sqrt{x}}, \quad f_{yy}(x,y) = 0.$$

El error será

$$R_1(0.9, 1.01) = \frac{1}{20000}\left[-\frac{25\psi}{\sqrt{\xi^3}} - \frac{10}{\sqrt{\xi}}\right] = \frac{-2\xi - 5\psi}{4000\sqrt{\xi^2}},$$

siendo (ξ, ψ) un punto del segmento $\overline{PQ}$, con $Q = (0.9, 1.01)$.

(b) Vemos que $f(1,1) = 1$. Calculamos las derivadas parciales de primer orden y las evaluamos en el punto $P = (1,1)$.

$$f_x(x,y) = -\frac{y}{x^2} \rightarrow f_x(1,1) = -1, \quad f_y(x,y) = \frac{1}{x} \rightarrow f_y(1,1) = 1.$$

El polinomio de Taylor es

$$f(x,y) = 1 - (x-1) + (y-1) = -x + y + 1.$$

Calculamos las derivadas parciales de segundo orden.

$$f_{xx}(x,y) = \frac{2y}{x^3}, \quad f_{xy}(x,y) = -\frac{1}{x^2}, \quad f_{yy}(x,y) = 0$$

El error será

$$R_1(0.9, 1.01) = \frac{1}{20000}\left[\frac{200\psi}{\xi^3} + \frac{20}{\xi^2}\right] = \frac{10\psi + \xi}{1000\xi^3},$$

siendo (ξ, ψ) un punto del segmento $\overline{PQ}$, con $Q = (0.9, 1.01)$.

(c) Vemos que $f(1,1) = 1$. Calculamos las derivadas parciales de primer orden y las evaluamos en el punto $P = (1,1)$.

$$f_x(x,y) = 2xy^3 \rightarrow f_x(1,1) = 2, \quad f_y(x,y) = 3x^2y^2 \rightarrow f_y(1,1) = 3.$$

El polinomio de Taylor es

$$f(x,y) = 1 + 2(x-1) + 3(y-1) = -4 + 2x + 3y.$$

Calculamos las derivadas parciales de segundo orden.

$$f_{xx}(x,y) = 2y^3, \quad f_{xy}(x,y) = 6xy^2, \quad f_{yy}(x,y) = 6x^2y$$

El error será

$$R_1(0.9, 1.01) = \frac{1}{20000}\left[200\psi^3 - 120\xi\psi^2 + 6\xi^2\psi\right] = \frac{\psi\left(100\psi^2 - 60\xi\psi + 3\xi^2\right)}{10000},$$

siendo (ξ, ψ) un punto del segmento $\overline{PQ}$, con $Q = (0.9, 1.01)$.

Problema 3

Aproxima la función $f(x,y) = \cos(x+y)$ en un entorno del origen mediante polinomios de Taylor de primer y segundo grado. Obtén una cota del error para cada caso.

Solución

Para calcular los polinomios de Taylor hasta grado 2 necesitamos conocer las derivadas de primer y segundo orden de la función f. Como también nos solicitan acotar el error, obtendremos las derivadas hasta orden 3.

$$f_x(x,y) = f_y(x,y) = -\sin(x+y),$$
$$f_{xx}(x,y) = f_{xy}(x,y) = f_{yy}(x,y) = -\cos(x+y),$$
$$f_{xxx}(x,y) = f_{xxy}(x,y) = f_{xyy}(x,y) = f_{yyy}(x,y) = \sin(x+y).$$

El polinomio de Taylor de primer grado en un entorno del origen tiene la expresión

$$p_1(x,y) = f(0,0) + f_x(0,0)x + f_y(0,0)y = 1 + 0 \cdot x + 0 \cdot y = 1.$$

117

La expresión del error al aproximar por un polinomio de Taylor de primer grado alrededor del origen es

$$R_1(x,y) = \frac{1}{2}\left(x^2 f_{xx}(\xi,\psi) + 2xy f_{xy}(\xi,\psi) + y^2 f_{yy}(\xi,\psi)\right),$$

que en el caso que nos ocupa es

$$R_1(x,y) = -\frac{\cos(\xi+\psi)}{2}\left(x^2 + 2xy + y^2\right) = -\frac{(x+y)^2}{2}\cos(\xi+\psi).$$

Como $|\cos(\xi+\psi)| \leq 1$, podemos acotar el error como

$$|R_1(x,y)| = \left|-\frac{(x+y)^2}{2}\cos(\xi+\psi)\right| = \frac{(x+y)^2}{2}|\cos(\xi+\psi)| \leq \frac{(x+y)^2}{2}.$$

El polinomio de Taylor de segundo grado alrededor del origen tiene la expresión

$$\begin{aligned}p_2(x,y) &= p_1(x,y) + \frac{1}{2}\left(f_{xx}(0,0)x^2 + 2f_{xy}(0,0)xy + f_{yy}(0,0)y^2\right) = \\ &= 1 + \frac{1}{2}\left(-x^2 - 2xy - y^2\right) = 1 - \frac{(x+y)^2}{2}.\end{aligned}$$

La expresión del error al aproximar por un polinomio de Taylor de segundo grado alrededor del origen es

$$R_2(x,y) = \frac{1}{3!}\left(x^3 f_{xxx}(\xi,\psi) + 3x^2 y f_{xxy}(\xi,\psi) + 3xy^2 f_{xyy}(\xi,\psi) + y^3 f_{yyy}(\xi,\psi)\right),$$

que en el caso que nos ocupa es

$$R_2(x,y) = \frac{\sin(\xi+\psi)}{6}\left(x^3 + 3x^2 y + 3xy^2 + y^3\right) = \frac{(x+y)^3}{6}\sin(\xi+\psi).$$

Como $|\sin(\xi+\psi)| \leq 1$, podemos acotar el error como

$$|R_2(x,y)| = \left|\frac{(x+y)^3}{6}\sin(\xi+\psi)\right| = \frac{|(x+y)^3|}{6}|\sin(\xi+\psi)| \leq \frac{|(x+y)^3|}{6}.$$

4.1.2 Extremos libres

Determina los extremos absolutos de f en el dominio R y clasifica los extremos relativos.

(a) $f(x,y) = x^2 + 2y^2$, $R = \{(x,y) \in \mathbb{R}^2 : |x| \le 1, |y| \le 2\}$,

(b) $f(x,y) = 2 - x^2 - y^2$, $R = \{(x,y) \in \mathbb{R}^2 : |x| \le 2, |y| \le 1\}$,

(c) $f(x,y) = -x^2 + xy + y^2 - 6$, $R = \{(x,y) \in \mathbb{R}^2 : 0 \le x \le 5, |y| \le 3\}$.

Solución

(a) El dominio $R = \{(x,y) \in \mathbb{R}^2 : |x| \le 1, |y| \le 2\}$, es el rectángulo que muestra la figura, en el que $A = (1,2)$, $B = (1,-2)$, $C = (-1,-2)$ y $D = (-1,2)$.

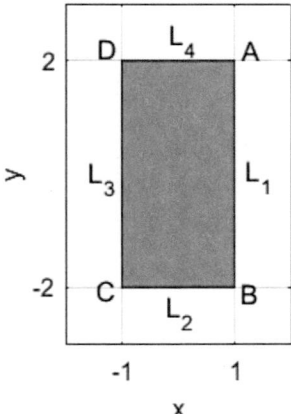

Calculamos los puntos críticos de $f(x,y)$ y determinamos de qué tipo son. Para ello es necesario que se anule el gradiente $(f_x(x,y), f_y(x,y)) = (0,0)$, es decir,

$$(2x, 4y) = (0,0) \leftrightarrow (x,y) = (0,0),$$

luego el único punto crítico es el $(0,0)$. Para analizar su carácter calculamos las derivadas parciales segundas y el determinante de la matriz Hessiana

$$\det\left(H_f(x,y)\right) = \det \begin{pmatrix} 2 & 0 \\ 0 & 4 \end{pmatrix} = 8 > 0, \text{ con } f_{xx}(x,y) = 2 > 0,$$

luego el punto crítico $(0,0)$ es un mínimo relativo de valor $f(0,0) = 0$.

Veamos cómo se comporta la función en la frontera del dominio R. Analizaremos cuáles son los máximos y mínimos de $f(x,y)$ sobre cada lado del rectángulo R:

- Sobre el lado L_1: $x = 1$ y $-2 \le y \le 2$. Sobre L_1, sabemos que $f(1,y) = 1 + 2y^2 = g(y)$; calculando $g'(y) = 4y = 0 \leftrightarrow y = 0$. Los valores de la función en el punto crítico $y = 0$ y en los extremos del intervalo son
$$g(0) = 1, g(-2) = 9, g(2) = 9,$$
por lo que tenemos un valor mínimo 1 en el punto $(1,0)$ y un valor máximo 9 en los puntos $(1,-2)$ y $(1,2)$.

- Sobre el lado L_2: $y = -2$ y $-1 \le x \le 1$. Sobre L_2 tenemos que $f(x,-2) = x^2 + 8 = h(x)$; calculando $h'(x) = 2x = 0 \leftrightarrow x = 0$. Los valores de la función en el punto crítico $x = 0$ y en los extremos del intervalo son
$$h(0) = 8, h(-1) = 9, h(1) = 9,$$
por lo que tenemos un valor mínimo 8 en el punto $(0,-2)$ y un valor máximo 9 en los puntos $(-1,-2)$ y $(1,-2)$.

- Sobre el lado L_3: $x = -1$ y $-2 \le y \le 2$. Sobre este lado se tiene $f(-1,y) = 1 + 2y^2 = g(y)$, el comportamiento en este lado es análogo al de L_1, obteniendo un valor mínimo 1 en el punto $(-1,0)$ y un valor máximo 9 en los puntos $(-1,-2)$ y $(-1,2)$.

- Sobre el lado L_4: $y = 2$ y $-1 \le x \le 1$. Como $f(x,2) = x^2 + 8 = h(x)$, el comportamiento en este lado es análogo al de L_2, obteniendo un valor mínimo 8 en el punto $(0,2)$ y un valor máximo 9 en los puntos $(-1,2)$ y $(1,2)$.

Los valores de los puntos calculados se muestran en la siguiente tabla.

$\downarrow y\backslash x \rightarrow$	-1	0	1
-2	9	8	9
0	1	0	1
2	9	8	9

Concluimos que el mínimo absoluto de f está en $(0,0)$ siendo $f(0,0) = 0$, mientras que los máximos absolutos están en los vértices de R de valor 9.

(b) El dominio $R = \{(x,y) \in \mathbb{R}^2 : |x| \leq 1, |y| \leq 2\}$, es el rectángulo que muestra la figura, en el que $A = (2,1)$, $B = (2,-1)$, $C = (-2,-1)$ y $D = (-2,1)$.

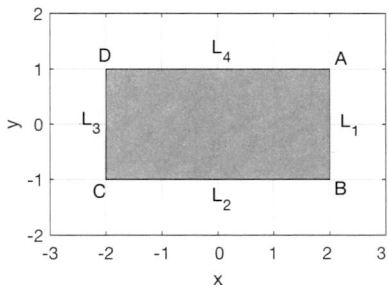

Calculamos los puntos críticos de $f(x,y)$ y determinamos de qué tipo son. Para ello es necesario que se anule el gradiente $(f_x(x,y), f_y(x,y)) = (0,0)$, es decir,

$$(-2x, -2y) = (0,0) \leftrightarrow (x,y) = (0,0),$$

luego el único punto crítico es el $(0,0)$. Para analizar su carácter calculamos las derivadas parciales segundas y el determinante de la matriz Hessiana

$$\det\left(H_f(x,y)\right) = \det\begin{pmatrix} -2 & 0 \\ 0 & -4 \end{pmatrix} = 8 > 0, \text{ con } f_{xx}(x,y) = -2 < 0,$$

luego el punto crítico $(0,0)$ es un máximo relativo de valor $f(0,0) = 2$.

Veamos cómo se comporta la función en la frontera. Analizaremos cuáles son los máximos y mínimos de $f(x,y)$ sobre cada lado del rectángulo R:

- Lado L_1: $x = 2$ y $-1 \leq y \leq 1$. Como $f(2,y) = -2 - y^2 = g(y)$; calculando $g'(y) = 2y = 0 \leftrightarrow y = 0$. Los valores de la función en el punto crítico $y = 0$ y en los extremos del intervalo son

$$g(0) = -2, g(-1) = -3, g(1) = -3,$$

121

por lo que tenemos un valor mínimo -3 en los puntos $(2,-1)$ y $(2,1)$ y un valor máximo -2 en el punto $(2,0)$.

- Lado L_2: $y = -1$ y $-2 \leq x \leq 2$. Ahora $f(x,-1) = 1 - x^2 = h(x)$; calculando $h'(x) = -2x = 0 \leftrightarrow x = 0$. Los valores de la función en el punto crítico $x = 0$ y en los extremos del intervalo son

$$h(0) = 1, h(-2) = -3, h(2) = -3,$$

por lo que tenemos un valor mínimo -3 en los puntos $(-2,-1)$ y $(2,-1)$ y un valor máximo 1 en el punto $(0,-1)$.

- Lado L_3: $x = -2$ y $-1 \leq y \leq 1$. Como $f(-2,y) = -2 - y^2 = g(y)$, el comportamiento en este lado es análogo al de L_1, obteniendo un valor mínimo -3 en los puntos $(-2,-1)$ y $(-2,1)$ y un valor máximo -2 en el punto $(-2,0)$.

- Lado L_4: $y = 1$ y $-2 \leq x \leq 2$. Como $f(x,1) = 1 - x^2 = h(x)$, el comportamiento en este lado es análogo al de L_2, obteniendo un valor mínimo -3 en los puntos $(-2,1)$ y $(2,1)$ y un valor máximo 1 en el punto $(0,1)$.

Los valores de los puntos calculados se muestran en la siguiente tabla.

$\downarrow y \backslash x \rightarrow$	-2	0	2
-1	-3	1	-3
0	-2	2	-2
1	-3	1	-3

Concluimos que el máximo absoluto de f está en $(0,0)$ siendo $f(0,0) = 2$, mientras que los mínimos absolutos están en los vértices de R de valor -3.

(c) El dominio $R = \{(x,y) \in \mathbb{R}^2 : 0 \leq x \leq 5, |y| \leq 3\}$, es el rectángulo que muestra la figura, en el que $A = (5,3)$, $B = (5,-3)$, $C = (0,-3)$ y $D = (0,3)$.

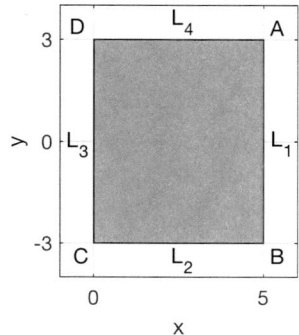

Calculamos los puntos críticos de $f(x, y)$ y determinamos de qué tipo son. Para ello es necesario que se anule el gradiente $(f_x(x, y), f_y(x, y)) = (0, 0)$, es decir,

$$(-2x + y, x + 2y) = (0, 0) \leftrightarrow (x, y) = (0, 0),$$

luego el único punto crítico es el $(0, 0)$. Para analizar su carácter calculamos las derivadas parciales segundas y el determinante de la matriz Hessiana

$$\det \left(H_f(x, y) \right) = \det \begin{pmatrix} -2 & 1 \\ 1 & 2 \end{pmatrix} = -5 < 0,,$$

luego el punto crítico $(0, 0)$ es un punto de silla.

Veamos cómo se comporta la función en la frontera. Analizaremos cuáles son los máximos y mínimos de $f(x, y)$ sobre cada lado del rectángulo R:

- Lado L_1: $x = 5$ y $-3 \leq y \leq 3$. Aquí $f(5, y) = y^2 + 5y - 31 = g(y)$; calculando $g'(y) = 2y + 5 = 0 \leftrightarrow y = -\dfrac{5}{2}$. Los valores de la función en el punto crítico $y = -\dfrac{5}{2}$ y en los extremos del intervalo son

$$g\left(-\frac{5}{2}\right) = -\frac{149}{4}, g(-3) = -37, g(3) = -7,$$

por lo que tenemos un valor mínimo $-\dfrac{149}{4}$ en el punto $\left(5, -\dfrac{5}{2}\right)$ y un valor máximo -7 en el punto $(5, 3)$.

- Lado L_2: $y = -3$ y $0 \leq x \leq 5$. Se tiene $f(x, -3) = -x^2 - 3x + 3 = h(x)$; calculando $h'(x) = -2x - 3 = 0 \leftrightarrow x = -\dfrac{3}{2} \notin R$, por lo que

123

en $h(x)$ no tiene puntos críticos en R. Los valores de la función en los extremos del intervalo son

$$h(0) = 3, h(5) = -37,$$

por lo que tenemos un valor mínimo -37 en el punto $(5, -3)$ y un valor máximo 3 en el punto $(0, -3)$.

- Lado L_3: $x = 0$ y $-3 \leq y \leq 3$. Se tiene $f(0, y) = y^2 - 6 = k(y)$; calculando $k'(y) = 2y = 0 \leftrightarrow y = 0$. Los valores de la función en el punto crítico $y = 0$ y en los extremos del intervalo son

$$k(0) = -6, k(-3) = k(3) = 3,$$

por lo que tenemos un valor mínimo -6 en el punto $(0, 0)$ y un valor máximo 3 en los puntos $(0, -3)$ y $(0, 3)$.

- Lado L_4: $y = 3$ y $0 \leq x \leq 5$. Se tiene $f(x, 3) = -x^2 + 3x + 3 = q(x)$; calculando $q'(x) = -2x + 3 = 0 \leftrightarrow x = \dfrac{3}{2}$. Los valores de la función en el punto crítico $x = \dfrac{3}{2}$ y en los extremos del intervalo son

$$q\left(\frac{3}{2}\right) = \frac{21}{4}, q(0) = 3, q(5) = -7,$$

por lo que tenemos un valor mínimo -7 en el punto $(5, 3)$ y un valor máximo $\dfrac{21}{4}$ en el punto $\left(\dfrac{3}{2}, 3\right)$.

Los valores de los puntos calculados se muestran en la siguiente tabla.

$\downarrow y \backslash x \rightarrow$	0	3/2	5
-3	3	-	-7
$-5/2$	-	-	-149/4
0	-6	-	-
3	3	21/4	-7

Concluimos que el máximo absoluto de f está en $(0, -3)$ y $(0, 3)$ siendo $f(0, -3) = f(0, 3) = 3$, mientras el mínimo absoluto está en $\left(5, -\dfrac{5}{2}\right)$ de valor $-\dfrac{149}{4}$.

Problema 5

Determina los extremos absolutos de f en el dominio R y clasifica los extremos relativos.

(a) $f(x,y) = 5 - 3x + 4y$, siendo R la región triangular cerrada dada por los vértices $A = (0,0)$, $B = (4,0)$ y $C = (4,5)$.

(b) $f(x,y) = xy^2$, $R = \{(x,y) \in \mathbb{R}^2 : x \geq 0, y \geq 0, x^2 + y^2 \leq 1\}$.

Solución

(a) En la figura mostramos la región triangular del enunciado.

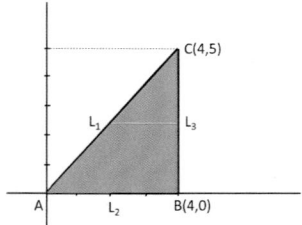

La función $f(x,y) = 5 - 3x + 4y$ no tiene ni máximos ni mínimos relativos ya que representa un plano. Así pues, vamos a estudiar los extremos absolutos de f en el dominio triangular R, es decir, el comportamiento de f en la frontera de R.

La recta L_1 tiene por ecuación $y = \dfrac{5}{4}x$, luego la función f sobre L_1 es $f(x,y) = 5 + 2x$, que tiene un mínimo en $x = 0$, $f(0,0) = 5$, y un máximo en $x = 4$, $f(4,5) = 13$

Por otra parte, la recta L_2 es $y = 0$ y sobre ella $f(x,y) = 5 - 3x$. Esta función presenta un mínimo en $x = 4$, $f(4,0) = -7$ y un máximo en $x = 0$, $f(0,0) = 5$. Finalmente, la frontera L_3 tiene por ecuación $x = 4$, por lo que $f(x,y) = -7 + 4y$. En este caso tenemos un mínimo en $y = 0$, $f(4,0) = -7$ y un máximo en $y = 5$, $f(4,5) = 13$.

En resumen, los extremos absolutos de f en el dominio R son un mínimo en el punto $(4,0)$ y un máximo en el punto $(4,5)$.

(b) El dominio $R = \{(x,y) \in \mathbb{R}^2 : x \geq 0, y \geq 0, x^2 + y^2 \leq 1$ es el cuarto de círculo que muestra la figura.

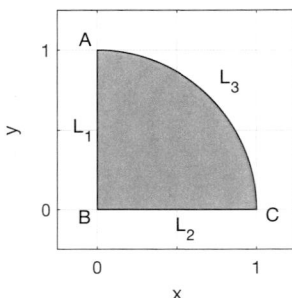

Calculamos los puntos críticos de $f(x,y)$ y determinamos de qué tipo son. Para ello es necesario que se anule el gradiente $(f_x(x,y), f_y(x,y)) = (0,0)$, es decir,

$$(y^2, 2xy) = (0,0) \leftrightarrow (x,y) = (0,0),$$

luego el único punto crítico es el $(0,0)$. Para analizar su carácter calculamos las derivadas parciales segundas y el determinante de la matriz Hessiana

$$\det\left(H_f(x,y)\right) = \det\begin{pmatrix} 0 & 2y \\ 2y & 2x \end{pmatrix}\bigg|_{(0,0)} = 0,$$

luego no podemos determinar el carácter del punto crítico $(0,0)$ con el criterio de la Hessiana. Si embargo, como $f(x,y) = xy^2 \overset{R}{\geq} 0$, podemos determinar que se trata de un mínimo absoluto.

Veamos cómo se comporta la función en la frontera. Analizaremos cuáles son los máximos y mínimos de $f(x,y)$ sobre cada lado del cuarto de circunferencia R:

- Sobre el lado L_1: $x = 0$ y $0 \leq y \leq 1$. Sabemos que $f(0,y) = 0$, por lo que la función toma el valor 0 en cualquier punto de la recta L_1.

- Sobre el lado L_2: $y = 0$ y $0 \leq x \leq 1$. Sabemos que $f(x,0) = 0$, por lo que la función toma el valor 0 en cualquier punto de la recta L_2.

- Sobre el lado L_3: $x^2 + y^2 = 1 \leftrightarrow y^2 = 1 - x^2$, $0 \leq x \leq 1$. Sabemos que $f\left(x, \sqrt{1-x^2}\right) = x(1-x^2) = x - x^3 = g(x)$; calculando $g'(x) = 1 - 3x^2 = 0 \leftrightarrow x = \dfrac{1}{\sqrt{3}}$ (ya que la solución $-\dfrac{1}{\sqrt{3}} \notin R$). Los valores de la función en el punto crítico $x = \dfrac{1}{\sqrt{3}}$ y en los extremos del intervalo son

$$g\left(\frac{1}{\sqrt{3}}\right) = \frac{2\sqrt{3}}{9}, g(0) = 0, g(1) = 0,$$

por lo que tenemos un valor mínimo 0 en los puntos $(0,0)$ y $(1,1)$ y un valor máximo $\dfrac{2\sqrt{3}}{9}$ en el punto $\left(\dfrac{1}{\sqrt{3}}, \sqrt{\dfrac{2}{3}}\right)$.

Concluimos que el mínimo absoluto de f está en las rectas $x = 0, y \in [0,1]$ y $y = 0, x \in [0,1]$ de valor 0, mientras que el máximo absoluto está en $\left(\dfrac{1}{\sqrt{3}}, \sqrt{\dfrac{2}{3}}\right)$ de valor $f\left(\dfrac{1}{\sqrt{3}}, \sqrt{\dfrac{2}{3}}\right) = \dfrac{2\sqrt{3}}{9}$.

Problema 6

Clasifica los extremos relativos de las siguientes funciones:

(a) $f(x,y) = (x^2 + y^2)^2 - 2a^2(x^2 - y^2)$, con $a \neq 0$,

(b) $f(x,y) = \dfrac{x^2}{2p} + \dfrac{y^2}{2q}$, con $p, q \neq 0$.

Solución
Calculamos los puntos críticos de $f(x,y)$ y determinamos de qué tipo son. Para ello es necesario que se anule el gradiente $(f_x(x,y), f_y(x,y)) = (0,0)$ para posteriormente estudiar el determinante de la matriz Hessiana.

(a) $(4x(x^2 + y^2 - a^2), 4y(x^2 + y^2 + a^2)) = (0,0)$. Veamos los diferentes casos.

- Si $x = 0$: $4y(y^2 + a^2) = 0$

  - Si $y = 0$, el punto crítico es el $(0,0)$.
  - $y^2 + a^2 = 0$ nunca se puede dar

- Si $y = 0 : 4x(x^2 - a^2) = 0$

  - Si $x = 0$, el punto crítico es el $(0,0)$.
  - Si $x^2 - a^2 = 0 \leftrightarrow x = \pm a$, los puntos críticos son $(-a, 0)$ y $(a, 0)$.

- Si $x^2 + y^2 - a^2 = 0 \leftrightarrow a^2 = x^2 + y^2 : 8ya^2 = 0$

  - Si $y = 0 : x^2 - a^2 = 0 \leftrightarrow x = \pm a$, los puntos críticos son $(-a, 0)$ y $(a, 0)$.
  - $a^2 = 0$ no se puede dar, pues $a \neq 0$

- Si $x^2 + y^2 + a^2 = 0 \leftrightarrow a^2 = -x^2 - y^2 : 8x(x^2 + y^2) = 0$

  - Si $x = 0 : y^2 + a^2 = 0$ nunca se puede dar.
  - Si $x^2 + y^2 = 0 : a^2 = 0$ nunca se puede dar.

Luego los puntos críticos son $(0,0)$, $(-a, 0)$ y $(a, 0)$. Obtengamos la matriz Hessiana.

$$\det(H_f(x,y)) = \det \begin{pmatrix} 12x^2 + 4y^2 - 4a^2 & 8xy \\ 8xy & 4x^2 + 12y^2 + 4a^2 \end{pmatrix}$$

$$= 16(3x^2 + y^2 - a^2)(x^2 + 3y^2 + a^2) - 64x^2y^2 = 0.$$

En el punto crítico

- $(0,0) : \det(H_f(0,0)) = -16a^4 < 0$, luego tenemos un punto de silla.

- $(-a, 0) : \det(H_f(-a,0)) = 64a^4 > 0$ y $f_{xx}(-a,0) = 8a^2 > 0$, luego tenemos un mínimo relativo.

- $(a, 0) : \det(H_f(a,0)) = 64a^4 > 0$ y $f_{xx}(a,0) = 8a^2 > 0$, luego tenemos un mínimo relativo.

(b) $\left(\dfrac{x}{p}, \dfrac{y}{q}\right) = (0,0) \leftrightarrow (x,y) = (0,0)$, luego el único punto crítico es el $(0,0)$.
Obtengamos la matriz Hessiana.

$$\det(H_f(x,y)) = \det \begin{pmatrix} 1/p & 0 \\ 0 & 1/q \end{pmatrix} = \frac{1}{pq}.$$

Por tanto,

- Si $pq > 0$

− y $p > 0$, el punto $(0,0)$ es un mínimo relativo.
− y $p < 0$, el punto $(0,0)$ es un máximo relativo.

• Si $pq < 0$, el punto $(0,0)$ es un punto de silla.

4.1.3 Extremos condicionados

Problema 7

Utilizando multiplicadores de Lagrange, encuentra los valores extremos de la función

(a) $f(x,y) = x^2 + 2y^2$ en la circunferencia $x^2 + y^2 = 1$,
(b) $f(x,y) = x^2y$ sujeta a la restricción $x^2 + 2y^2 = 6$.

Solución

(a) La función a optimizar es $f(x,y) = x^2 + 2y^2$ con la restricción $g(x,y) = x^2 + y^2 - 1$. La función Lagrangiana tendrá la expresión

$$L(x,y,\lambda) = x^2 + 2y^2 - \lambda\left(x^2 + y^2 - 1\right).$$

Para encontrar los puntos críticos resolvemos el sistema $\vec{\nabla}L = 0$ como

$$\begin{cases} L_x = 0 \leftrightarrow 2x - 2\lambda x = 0 \leftrightarrow 2x(1 - \lambda) = 0 \\ L_y = 0 \leftrightarrow 4y - 2\lambda y = 0 \leftrightarrow 2y(2 - \lambda) = 0 \\ L_\lambda = 0 \leftrightarrow -x^2 - y^2 + 1 = 0 \end{cases}$$

• Si $x = 0$: $y^2 = 1 \leftrightarrow y = \pm 1 \rightarrow \lambda = 2$, los puntos críticos son $(0, \pm 1, 2)$.

• Si $\lambda = 1$: $y = 0 \rightarrow x^2 = 1 \leftrightarrow x = \pm 1$, los puntos críticos son $(\pm 1, 0, 1)$.

• Si $y = 0$: $x^2 = 1 \leftrightarrow x = \pm 1 \rightarrow \lambda = 1$, los puntos críticos son $(\pm 1, 0, 1)$.

• Si $\lambda = 2$: $x = 0 \rightarrow y^2 = 1 \leftrightarrow y = \pm 1$, los puntos críticos son $(0, \pm 1, 2)$.

129

Así pues, los puntos críticos son $(0, \pm 1, 2)$ y $(\pm 1, 0, 1)$.

La matriz Hessiana asociada al operador L es

$$H_L(x, y, \lambda) = \begin{pmatrix} 2(1-\lambda) & 0 & -2x \\ 0 & 2(2-\lambda) & -2y \\ -2x & -2y & 0 \end{pmatrix},$$

cuyo determinante es

$$\det\left(H_L(x, y, \lambda)\right) = -8x^2(2-\lambda) - 8y^2(1-\lambda).$$

El determinante del menor de orden 2 es

$$\det(H_{L_2}(x, y, \lambda)) = \det\begin{pmatrix} 2(1-\lambda) & 0 \\ 0 & 2(2-\lambda) \end{pmatrix} = 4(1-\lambda)(2-\lambda).$$

Para los puntos críticos con $\lambda = 1$, $L_{xx}(x, y, 1) = 0$, por lo que no podemos concluir nada. Estos puntos son $(\pm 1, 0, 1)$.

Para los puntos críticos son $\lambda = 2$, $\det(H_{L_2}(0, 0, 2)) = 0$, por lo que no podemos concluir nada. Estos puntos son $(0, \pm 1, 2)$.

Así que evaluemos la función en los puntos críticos.

$$f(0, -1) = 2, f(0, 1) = 2, f(-1, 0) = 1, f(1, 0) = 1,$$

por lo que tenemos un máximo de valor 2 en los puntos $(0, \pm 1)$, y un mínimo de valor 1 en los puntos $(\pm 1, 0)$.

(b) La función a optimizar es $f(x, y) = x^2 y$ con la restricción $g(x, y) = x^2 + 2y^2 - 6$. La función Lagrangiana tendrá la expresión

$$L(x, y, \lambda) = x^2 y - \lambda\left(x^2 + 2y^2 - 6\right).$$

Para encontrar los puntos críticos resolvemos el sistema $\vec{\nabla}L = 0$ como

$$\begin{cases} L_x = 0 \leftrightarrow 2xy - 2\lambda x = 0 \leftrightarrow 2x(y - \lambda) = 0, \\ L_y = 0 \leftrightarrow x^2 - 4\lambda y = 0, \\ L_\lambda = 0 \leftrightarrow -x^2 - 2y^2 + 6 = 0. \end{cases}$$

- Si $x = 0$: $y^2 = 3 \leftrightarrow y = \pm\sqrt{3} \rightarrow \lambda = 0$, los puntos críticos son $(0, \pm\sqrt{3}, 0)$.

- Si $y = \lambda : x^2 = 4\lambda^2 \leftrightarrow x = \pm 2\lambda$, y reemplazando en la tercera ecuación, $\lambda = \pm 1$, luego los puntos críticos son $(-2, -1, -1)$, $(-2, 1, 1)$, $(2, -1, -1)$ y $(2, 1, 1)$.

Así pues, los puntos críticos son $(0, \pm\sqrt{3}, 0)$, $(-2, -1, -1)$, $(-2, 1, 1)$, $(2, -1, -1)$ y $(2, 1, 1)$.

Analicemos los puntos críticos utilizando el criterio de la matriz Hessiana. Para ello,

$$
\begin{aligned}
\det\left(H_L(x, y, \lambda)\right) &= \det \begin{pmatrix} 2(y - \lambda) & 2x & -2x \\ 2x & -4\lambda & -4y \\ -2x & -4y & 0 \end{pmatrix} \\
&= 16x^2(2y - \lambda) - 32y^2(y - \lambda),
\end{aligned}
$$

$$
\det\left(H_{L_2}(x, y, \lambda)\right) = \det \begin{pmatrix} 2(y - \lambda) & 2x \\ 2x & -4\lambda \end{pmatrix} = -8\lambda(y - \lambda) - 4x^2,
$$

$$
L_{xx} = 2(y - \lambda).
$$

En los puntos críticos con $y = \lambda$, $L_{xx} = 2(y - \lambda) = 0$, por lo que no podemos concluir nada. Estos puntos son $(-2, -1, -1)$, $(-2, 1, 1)$, $(2, -1, -1)$ y $(2, 1, 1)$.

En los puntos críticos con $x = \lambda = 0$, $\det(H_{L_2}(0, y, 0)) = 0$, por lo que no podemos concluir nada. Estos puntos son $(0, \pm\sqrt{3}, 0)$.

Así que evaluemos la función en los puntos críticos.

$$
f(0, -\sqrt{3}) = 0, \, f(0, \sqrt{3}) = 0, \, f(\pm 2, -1) = -4, \, f(\pm 2, 1) = 4.
$$

por lo que tenemos un máximo de valor 4 en los puntos $(\pm 2, 1)$ y un mínimo de valor -4 en los puntos $(\pm 2, -1)$.

Problema 8

Demuestra que el rectángulo de perímetro P con área máxima es una cuadrado

(a) sin utilizar multiplicadores de Lagrange,
(b) utilizando multiplicadores de Lagrange.

Solución

Asumiendo que los lados de un rectángulo vienen dados por a y b, el área del rectángulo es $A(a, b) = ab$. La restricción que nos imponen es $2a + 2b = P$.

(a) De la restricción podemos obtener

$$b = \frac{P - 2a}{2},$$

por lo que el área pasa a ser

$$A\left(a, \frac{P - 2a}{2}\right) = a\frac{P - 2a}{2} \rightarrow \hat{A}(a) = \frac{a(P - 2a)}{2}.$$

Calculamos los puntos críticos como

$$\hat{A}'(a) = 0 \leftrightarrow \frac{P - 4a}{2} = 0 \leftrightarrow a = \frac{P}{4}.$$

Para caracterizar el punto crítico, calculamos

$$\hat{A}''(a) = -2 < 0,$$

de modo que tenemos área máxima para $a = \dfrac{P}{4}$. El valor de b es

$$b = \frac{P - 2a}{2} = \frac{P}{4} = a,$$

mientras que el área es $A = \dfrac{P^2}{16}$.

(b) La restricción es $g(a, b) = 2a + 2b - P$. Planteamos la función Lagrangiana como

$$L(a, b, \lambda) = ab - \lambda\left(2a + 2b - P\right),$$

y obtenemos sus puntos críticos a partir de $\vec{\nabla}L = 0$ como

$$\begin{cases} L_a = 0 \leftrightarrow b - 2\lambda = 0 \leftrightarrow b = 2\lambda, \\ L_b = 0 \leftrightarrow a - 2\lambda = 0 \leftrightarrow a = 2\lambda, \\ L_\lambda = 0 \leftrightarrow -2a - 2b + P = 0. \end{cases}$$

Reemplazando las ecuaciones primera y segunda en la tercera, $P = 8\lambda \leftrightarrow \lambda = \dfrac{P}{8}$, de modo que

$$b = 2\lambda \xrightarrow{\lambda = P/8} \frac{P}{4}, \quad a = 2\lambda \xrightarrow{\lambda = P/8} \frac{P}{4} = b.$$

Para comprobar que es un máximo, utilizamos el criterio de la matriz Hessiana. Para ello,

$$\det\left(H_L(a,b,\lambda)\right) = \det \begin{pmatrix} 0 & 1 & -2 \\ 1 & 0 & -2 \\ -2 & -2 & 0 \end{pmatrix} = 8.$$

Como $L_{aa}(a,b,\lambda) = 0$, no podemos concluir nada.

Problema 9

La temperatura de una placa en un punto cualquiera $T(x,y)$ viene dada por $T(x,y) = 25 + 4x^2 - 4xy + y^2$. Una alarma térmica, situada sobre los puntos de la circunferencia $x^2 + y^2 = 25$, se dispara a temperaturas por debajo de los 20°C o por encima de los 180°C. ¿Se disparará la alarma?

Solución

Tenemos que obtener los valores máximo y mínimo que alcanza la temperatura con la restricción de la circunferencia. Si esos valores están en el rango $T \in (20, 180)$, la alarma no se disparará; en caso contrario, la alarma se disparará.

Planteamos la función Lagrangiana como

$$L(x,y,\lambda) = 25 + 4x^2 - 4xy + y^2 - \lambda\left(x^2 + y^2 - 25\right),$$

y obtenemos sus puntos críticos a partir de $\vec{\nabla} L = 0$ como

$$\begin{cases} L_x = 0 \leftrightarrow 8x - 4y - 2\lambda x = 0 \leftrightarrow x(4 - \lambda) = 2y, \\ L_y = 0 \leftrightarrow -4x + 2y - 2\lambda y = 0 \leftrightarrow y(1 - \lambda) = 2x, \\ L_\lambda = 0 \leftrightarrow -x^2 - y^2 + 25 = 0. \end{cases}$$

Reemplazando la primera ecuación en la segunda,

$$\frac{x}{2}(4 - \lambda)(1 - \lambda) = 2x \xrightarrow{x \neq 0} (4 - \lambda)(1 - \lambda) = 4 \leftrightarrow \lambda^2 - 5\lambda = 0 \leftrightarrow \lambda = \{0, 5\}.$$

- Para $\lambda = 0 : y = 2x \rightarrow -x^2 - 4x^2 + 25 = 0 \leftrightarrow x = \pm\sqrt{5} \rightarrow y = \pm 2\sqrt{5}$, luego los puntos críticos son $(\pm 5, \pm 2\sqrt{5}, 0)$.

- Para $\lambda = 5 : x = -2y \rightarrow -4y^2 - y^2 + 25 = 0 \leftrightarrow y = \pm\sqrt{5} \rightarrow x = \mp 2\sqrt{5}$, luego los puntos críticos son $(\mp 2\sqrt{5}, \pm\sqrt{5}, 5)$.

Para caracterizar los puntos críticos utilizamos el criterio de la matriz Hessiana,

$$
\begin{aligned}
\det\left(H_L(x,y,\lambda)\right) &= \det \begin{pmatrix} 8 - 2\lambda & -4 & -2x \\ -4 & 2 - 2\lambda & -2y \\ -2x & -2y & 0 \end{pmatrix} \\
&= -32xy + 8y^2(\lambda - 4) + 8x^2(\lambda - 1),
\end{aligned}
$$

$$
\det\left(H_{L_2}(x,y,\lambda)\right) = \det \begin{pmatrix} 8 - 2\lambda & -4 \\ -4 & 2 - 2\lambda \end{pmatrix} = 4\lambda(\lambda - 5).
$$

Para $\lambda = \{0, 5\}$, $\det\left(H_{L_2}(x,y,\{0,5\})\right) = 0$, por lo que no podemos concluir nada.

Así que tenemos que replantear el problema con reducción de variables. Reescribimos la restricción como

$$
x^2 + y^2 = 25 \leftrightarrow y = \sqrt{25 - x^2},
$$

y reemplazamos en la función $T(x,y)$ como

$$
T(x, \sqrt{25 - x^2}) = 25 + 4x^2 - 4x\sqrt{25 - x^2} + 25 - x^2 \leftrightarrow
$$
$$
\leftrightarrow \hat{T}(x) = 50 + 3x^2 - 4x\sqrt{25 - x^2}.
$$

Calculamos los puntos críticos como

$$
\hat{T}'(x) = 0 \leftrightarrow 6x + \frac{4x^2}{\sqrt{25 - x^2}} - 4\sqrt{25 - x^2} = 0 \leftrightarrow
$$
$$
\leftrightarrow 6x\sqrt{25 - x^2} + 4x^2 - 4(25 - x^2) = 0 \leftrightarrow 6x\sqrt{25 - x^2} + 8x^2 - 100 = 0 \leftrightarrow
$$
$$
\leftrightarrow 6x\sqrt{25 - x^2} = 100 - 8x^2 \leftrightarrow 36x^2(25 - x^2) = (100 - 8x^2)^2 \leftrightarrow
$$
$$
\leftrightarrow 900x^2 - 36x^4 = 10000 + 64x^4 - 1600x^2 \leftrightarrow 100x^4 - 2500x^2 + 10000 = 0 \leftrightarrow
$$
$$
\leftrightarrow x^4 - 25x^2 + 100 = 0 \xleftrightarrow{t=x^2} t^2 - 25t + 100 = 0 \leftrightarrow
$$
$$
\leftrightarrow t = \{5, 20\} \rightarrow x = \{\pm\sqrt{5}, \pm\sqrt{20}\}.
$$

Luego los puntos críticos de la función $T(x,y)$ son $(\pm\sqrt{5}, \sqrt{20})$ y $(\pm\sqrt{20}, \sqrt{5})$.

Para analizar el carácter de los puntos críticos utilizamos el criterio de la segunda derivada.

$$\hat{T}''(x) = 6 + \frac{4x^3}{(25 - x^2)^{3/2}} + \frac{12x}{\sqrt{25 - x^2}}.$$

- Para $x = -\sqrt{5} : \hat{T}''(-\sqrt{5}) = -\frac{1}{2} < 0$, luego tenemos un máximo. La temperatura en dicho punto es $T(-\sqrt{5}, \sqrt{20}) = 105$.

- Para $x = \sqrt{5} : \hat{T}''(\sqrt{5}) = \frac{25}{2} > 0$, luego tenemos un mínimo. La temperatura en dicho punto es $T(\sqrt{5}, \sqrt{20}) = 25$.

- Para $x = -\sqrt{20} : \hat{T}''(-\sqrt{20}) = -50$, luego tenemos un máximo. La temperatura en dicho punto es $T(-\sqrt{20}, \sqrt{5}) = 150$.

- Para $x = \sqrt{20} : \hat{T}''(\sqrt{20}) = 62 > 0$, luego tenemos un mínimo. La temperatura en dicho punto es $T(\sqrt{20}, \sqrt{5}) = 70$.

Por tanto, la temperatura máxima en $x^2 + y^2 = 25$ es 150, mientras que la mínima es 25. Por tanto, nunca se disparará la alarma.

Problema 10

Determina los ángulos de un triángulo rectángulo para que el producto de los cosenos de los ángulos agudos sea máximo.

Solución
En primer lugar, representemos gráficamente el problema.

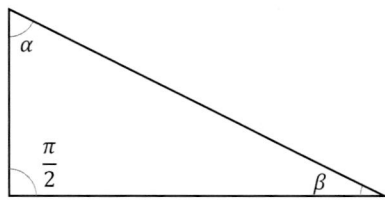

La función a maximizar es el producto de los cosenos de los ángulos agudos, es decir,

$$f(\alpha, \beta) = \cos(\alpha)\cos(\beta) = \frac{1}{2}\left(\cos(\alpha+\beta) + \cos(\alpha-\beta)\right).$$

La restricción es que la suma de los ángulos de un triángulo debe ser π, de modo que

$$\alpha + \beta = \frac{\pi}{2} \leftrightarrow \beta = \frac{\pi}{2} - \alpha.$$

Reemplazando la expresión de β en la función a optimizar, obtenemos

$$\hat{f}(\alpha) = \frac{1}{2}\left(\cos\left(\frac{\pi}{2}\right) + \cos\left(2\alpha - \frac{\pi}{2}\right)\right) = \frac{1}{2}\cos\left(2\alpha - \frac{\pi}{2}\right).$$

Obtengamos los puntos críticos,

$$\hat{f}'(\alpha) = 0 \leftrightarrow -\sin\left(2\alpha - \frac{\pi}{2}\right) = 0 \leftrightarrow 2\alpha - \frac{\pi}{2} = 0 \leftrightarrow \alpha = \frac{\pi}{4}.$$

Veamos el carácter del punto crítico $\alpha = \frac{\pi}{4}$:

$$\hat{f}''(\alpha) = -2\cos\left(2\alpha - \frac{\pi}{2}\right) \rightarrow \hat{f}''\left(\frac{\pi}{4}\right) = -2 < 0,$$

de modo que el punto crítico se corresponde con un valor máximo. Por tanto, para que el producto de los cosenos de los ángulos agudos sea máximo, $\alpha = \frac{\pi}{4}$ y $\beta = \frac{\pi}{2} - \alpha = \frac{\pi}{4}$.

Problema 11

Encuentra la distancia más corta entre el punto $(1, 0, -2)$ y el plano $x + 2y + z = 4$

(a) sin utilizar multiplicadores de Lagrange,
(b) utilizando multiplicadores de Lagrange.

Solución
La distancia entre un punto cualquier (x, y, z) y el punto $(1, 0, -2)$ viene dada por

$$d(x, y, z) = \sqrt{(x-1)^2 + (y-0)^2 + (z+2)^2}.$$

Como sabemos, maximizar o minimizar la función d es equivalente a hacer lo propio con $d^2 = D$, por lo que será ésta la función que vamos a optimizar en este problema.

(a) La restricción nos permite obtener $z = 4 - x - 2y$, por lo que

$$D(x, y, 4-x-2y) = (x-1)^2 + y^2 + (4-x-2y+2)^2 = (x-1)^2 + y^2 + (6-x-2y)^2.$$

Obtenemos los puntos críticos a partir de $\vec{\nabla}\hat{D} = 0$ como

$$\begin{cases} \hat{D}_x(x,y) = 0 \leftrightarrow 2(x-1) - 2(6-x-2y) = 0 \leftrightarrow 4x + 4y - 14 = 0, \\ \hat{D}_y(x,y) = 0 \leftrightarrow 2y - 4(6-x-2y) = 0 \leftrightarrow 4x + 10y - 24 = 0, \end{cases}$$

cuya solución es el punto $\left(\dfrac{11}{6}, \dfrac{5}{3}\right)$. Para caracterizar el punto crítico, obtenemos la matriz Hessiana

$$\det\left(H_{\hat{D}}(x,y)\right) = \det\begin{pmatrix} 4 & 4 \\ 4 & 10 \end{pmatrix} = 24 > 0, \quad \hat{D}_{xx} = 4 > 0,$$

luego el punto crítico es un mínimo. La distancia entre el punto $(1, 0, -2)$ y el plano $x + 2y + z = 4$ es

$$d\left(\frac{11}{6}, \frac{5}{3}, -\frac{7}{6}\right) = 5\frac{\sqrt{6}}{6}.$$

(b) La restricción implica que el punto (x, y, z) pertenezca al plano $x+2y+z = 4$, de modo que $g(x, y, z) = x + 2y + z - 4$.

Planteamos la función Lagrangiana como

$$\begin{aligned} L(x, y, z, \lambda) &= d^2(x, y, z) - \lambda g(x, y, z) = \\ &= (x-1)^2 + y^2 + (z+2)^2 - \lambda\left(x + 2y + z - 4\right), \end{aligned}$$

y obtenemos sus puntos críticos a partir de $\vec{\nabla}L = 0$ como

$$\begin{cases} L_x = 0 \leftrightarrow 2(x-1) - \lambda = 0 \leftrightarrow x = \dfrac{\lambda+2}{2}, \\ L_y = 0 \leftrightarrow 2y - 2\lambda = 0 \leftrightarrow y = \lambda, \\ L_z = 0 \leftrightarrow 2(z+2) - \lambda = 0 \leftrightarrow z = \dfrac{\lambda-4}{2}, \\ L_\lambda = 0 \leftrightarrow -x - 2y - z + 4 = 0. \end{cases}$$

Reemplazando las tres primeras ecuaciones en la cuarta,

$$-\frac{\lambda+2}{2} - 2\lambda - \frac{\lambda-4}{2} + 4 = 0 \leftrightarrow \lambda = \frac{5}{3} \rightarrow \begin{cases} x = 11/6 \\ y = 5/3 \\ z = -7/6 \end{cases}$$

por lo que el punto crítico es $\left(\dfrac{11}{6}, \dfrac{5}{3}, -\dfrac{7}{6}, \dfrac{5}{3} \right)$.

Para caracterizar los puntos críticos utilizamos el criterio de la matriz Hessiana,

$$\det\left(H_L(x,y,z,\lambda)\right) = \det \begin{pmatrix} 2 & 0 & 0 & -1 \\ 0 & 2 & 0 & -2 \\ 0 & 0 & 2 & -1 \\ -1 & -2 & -1 & 0 \end{pmatrix} = -24 < 0,$$

por lo que no podemos concluir nada.

Problema 12

Una envasadora comercializa dos tipos de botellas de 1 l de aceite con las siguientes características.

	Tipo A	Tipo B
Precio medio de coste de la botella [€]	3	4
Precio de venta al público [€/l]	x	y
Litros vendidos al día [l/día]	$90(2y - x)$	$30(73 - 7x - 5y)$

Determina el precio de venta para alcanzar el beneficio máximo, las cantidades óptimas a vender y el beneficio diario obtenido.

Solución
La función a optimizar es el beneficio $B(x,y)$ que viene dado por la diferencia entre los ingresos $I(x,y)$ y el coste $C(x,y)$. Los ingresos vienen dados por los litros vendidos [l/día] por el precio de venta [€/l], dados por

$$I(x,y) = 90x(2y - x) + 30y(73 - 7x - 5y) \quad \frac{l}{\text{día}} \frac{€}{l},$$

mientras que el coste se calcula como los litros vendidos [l/día] por el precio que cuesta la botella [€] dividido por la cantidad de aceite que hay en cada botella [l], dado por

$$C(x, y) = 90 \cdot 3(2y - x) + 30 \cdot 4(73 - 7x - 5y) \quad \frac{l}{\text{día}} \frac{\text{€}}{l},$$

por lo que el beneficio diario [€/día] viene dado por

$$B(x, y) = I(x, y) - C(x, y) = 90(x - 3)(2y - x) + 30(y - 4)(73 - 7x - 5y).$$

Obtenemos los puntos críticos a partir de $\vec{\nabla} B = 0$ como

$$\begin{cases} B_x = 0 \leftrightarrow -30\,(-37 + 6x + y) = 0, \\ B_y = 0 \leftrightarrow -30\,(-75 + x + 10y) = 0, \end{cases}$$

cuya solución es $x = 5$, $y = 7$. Estudiemos el carácter del punto crítico $(5, 7)$ con el criterio de la matriz Hessiana.

$$\det\left(H_B(x, y)\right) = \det \begin{pmatrix} -180 & -30 \\ -30 & -300 \end{pmatrix} = 300 \cdot 180 - 900 > 0, \quad B_{xx} = -180 < 0,$$

luego el punto $(5, 7)$ da el beneficio máximo.

Por tanto, para alcanzar el beneficio máximo el precio de venta de las botellas de tipo A es de 5 € y el de las botellas de tipo B es de 7 €. Las cantidades óptimas a vender de las botellas de tipo A es $90(2 \cdot 7 - 5) = 810$ l, y de tipo B $30(73 - 7 \cdot 5 - 5 \cdot 7) = 90$ l. El beneficio diario obtenido es de

$$B(5, 7) = 90(5 - 3)(2 \cdot 7 - 5) + 30(7 - 4)(73 - 7 \cdot 5 - 5 \cdot 7) = 1890 \text{ €/día}.$$

Problema 13

Dados n números $a_1, a_2, \ldots, a_n$ diferentes de 0, prueba que el valor mínimo de

$$f(x_1, x_2, \ldots, x_n) = a_1^2 x_1^2 + a_2^2 x_2^2 + \cdots + a_n^2 x_n^2$$

sujeta a $x_1 + x_2 + \cdots + x_n = 1$ es $\dfrac{1}{\dfrac{1}{a_1^2} + \dfrac{1}{a_2^2} + \cdots + \dfrac{1}{a_n^2}}$.

Solución
La función a optimizar es $f(x_1, x_2, \ldots, x_n) = a_1^2 x_1^2 + a_2^2 x_2^2 + \cdots + a_n^2 x_n^2$, sujeta a

la restricción $g(x_1, x_2, \ldots, x_n) = x_1 + x_2 + \cdots + x_n - 1$. Planteamos la función Lagrangiana como

$$L(x_1, x_2, \ldots, x_n, \lambda) = a_1^2 x_1^2 + a_2^2 x_2^2 + \cdots + a_n^2 x_n^2 - \lambda (x_1 + x_2 + \cdots + x_n - 1).$$

Obtengamos los puntos críticos:

$$\begin{cases} L_{x_1} = 0 \leftrightarrow 2a_1^2 x_1 - \lambda = 0, \\ L_{x_2} = 0 \leftrightarrow 2a_2^2 x_2 - \lambda = 0, \\ \vdots \\ L_{x_n} = 0 \leftrightarrow 2a_n^2 x_n - \lambda = 0, \\ L_\lambda = 0 \leftrightarrow -x_1 - x_2 - \cdots - x_n + 1 = 0. \end{cases}$$

De las primeras n ecuaciones obtenemos que $x_i = \dfrac{\lambda}{2a_i^2}$, $i = 1, 2, \ldots, n$. Reemplazando en la última ecuación,

$$-\frac{\lambda}{2a_1^2} - \frac{\lambda}{2a_2^2} - \cdots - \frac{\lambda}{2a_n^2} + 1 = 0 \leftrightarrow \lambda = \frac{2}{\dfrac{1}{a_1^2} + \dfrac{1}{a_2^2} + \cdots + \dfrac{1}{a_n^2}}.$$

Nombrando $A = \dfrac{1}{a_1^2} + \dfrac{1}{a_2^2} + \cdots + \dfrac{1}{a_n^2}$, el valor de $\lambda = \dfrac{2}{A}$, por lo que

$$x_i = \frac{\lambda}{2a_i^2} = \frac{\dfrac{2}{A}}{2a_i^2} = \frac{1}{a_i^2 A}, \quad i = 1, 2, \ldots, n,$$

luego el punto crítico es $\left(\dfrac{1}{a_1^2 A}, \dfrac{1}{a_2^2 A}, \ldots, \dfrac{1}{a_n^2 A}, \dfrac{2}{A} \right)$. Caractericemos el punto crítico a partir de la matriz Hessiana,

$$\det\left(H_L(x_1, x_2, \ldots, x_n, \lambda)\right) = \det \begin{pmatrix} 2a_1^2 & 0 & \cdots & 0 & -1 \\ 0 & 2a_2^2 & \cdots & 0 & -1 \\ \vdots & \vdots & \ddots & \vdots & \vdots \\ 0 & 0 & \cdots & 2a_n^2 & -1 \\ -1 & -1 & \cdots & -1 & 0 \end{pmatrix} =$$

$$= -2^{n-1} \left(a_1^2 a_2^2 \cdots a_{n-2}^2 a_{n-1}^2 + a_1^2 a_2^2 \cdots a_{n-2}^2 a_n^2 + \cdots \right) < 0,$$

luego no podemos caracterizarlo. El valor de la función en el punto crítico es

$$f\left(\frac{1}{a_1^2 A}, \frac{1}{a_2^2 A}, \ldots, \frac{1}{a_n^2 A}, \frac{2}{A}\right) = a_1^2 \frac{1}{a_1^4 A^2} + a_2^2 \frac{1}{a_2^4 A^2} + \cdots + a_n^2 \frac{1}{a_n^4 A^2} =$$

$$= \frac{1}{A^2}\left(\frac{1}{a_1^2} + \frac{1}{a_2^2} + \cdots + \frac{1}{a_n^2}\right) = \frac{1}{\frac{1}{a_1^2} + \frac{1}{a_2^2} + \cdots + \frac{1}{a_n^2}}.$$

Como la función f es una suma de cuadrados, podemos concluir que el punto crítico obtenido es un mínimo.

Problema 14

Una empresa produce 2 tipos de bienes A y B. El coste diario de producir x unidades de A e y unidades de B es

$$C(x, y) = 0.04x^2 + 0.01xy + 0.01y^2 + 4x + 2y + 500.$$

Supongamos que una unidad de A se vende a 15 € y una de B a 9 €. Determinar el número de unidades que la empresa debe vender para maximizar beneficios.

Solución

La función beneficio, $B(x, y)$, no es más que la diferencia entre los ingresos y los costes de producción, es decir,

$$B(x, y) = I(x, y) - C(x, y) = 15x + 9y - 0.04x^2 - 0.01xy - 0.01y^2 - 4x - 2y - 500.$$

Para determinar los máximos y mínimos, igualamos a cero el gradiente de la función B, lo que nos da el sistema

$$\left.\begin{array}{l} \partial B/\partial x = -0.08x - 0.01y + 11 = 0 \\ \partial B/\partial y = -0.01x - 0.02y + 7 = 0 \end{array}\right\}$$

Se trata de un sistema lineal cuya única solución es $x = 100$ e $y = 300$. La matriz Hessiana asociada a la función B es, la matriz constante

$$H_B(x, y) = \begin{pmatrix} -0.08 & -0.01 \\ -0.01 & -0.02 \end{pmatrix}.$$

Es sencillo comprobar que se trata de una matriz definida negativa, por lo que el punto $(100, 300)$ es un máximo de la función B. Para maximizar beneficios, la empresa debe vender 100 unidades de A y 300 unidades de B.

Problema 15

Invirtiendo x unidades de mano de obra e y unidades de capital, un fabricante de relojes de gama baja puede producir (función de producción de Cobb-Douglas)

$$P(x,y) = 50x^{0.4}y^{0.6}.$$

Calcula el máximo número de relojes que se pueden producir con un presupuesto de 20000 € si la mano de obra cuesta 100 € por unidad y capital cuesta 200 € por unidad.

Solución

El coste total de x unidades de mano de obra e y unidades de capital viene dado por $100x + 200y$. El objetivo es maximizar la función $P(x,y)$ sujeta a la restricción presupuestaria $g(x,y) = 100x + 200y - 20000$. Así, el operador Lagrangiano resulta

$$L(x,y,\lambda) = P(x,y) - \lambda g(x,y) = 50x^{0.4}y^{0.6} - \lambda(100x + 200y - 20000).$$

Los puntos críticos se obtienen resolviendo el sistema

$$\begin{cases} \dfrac{\partial L}{\partial x} &= 20x^{-0.6}y^{0.6} - 100\lambda = 0, \\[2mm] \dfrac{\partial L}{\partial y} &= 20x^{0.4}y^{-0.4} - 200\lambda = 0, \\[2mm] \dfrac{\partial L}{\partial \lambda} &= -(100x + 200y - 20000) = 0. \end{cases}$$

Despejando λ de las dos primeras ecuaciones, obtenemos

$$\lambda = \frac{1}{5}\left(\frac{y}{x}\right)^{0.6} = \frac{3}{20}\left(\frac{y}{x}\right)^{-0.4}.$$

Multiplicamos la ecuación anterior por $5(y/x)^{0.4}$ obteniendo $y/x = 15/20$ ó $y = (3/4)x$. Sustituyendo este valor en la tercera ecuación del sistema

$$100x + 200y = 100x + 200(3/4)x = 20000 \implies 250x = 20000.$$

se obtiene, $x = 80$ e $y = 60$. El punto crítico es $C = (80, 60)$.

Como $P(x, y)$ es una función creciente de x e y, ∇P apunta hacia el noreste y $P(x, y)$ alcanza su valor máximo en C. El máximo es $P(80, 60) = 3365.87$ o aproximadamente 3365 relojes, con un coste por reloj de $20000/3365$ o aproximadamente 5.94 €.

Problema 16

Determina las dimensiones del paralelepípedo de máximo volumen inscrito en el elipsoide de ecuación

$$\frac{x^2}{100} + \frac{y^2}{9} + \frac{z^2}{4} = 1.$$

Solución

El objetivo es maximizar la función volumen $V(x, y, z) = xyz$ sujeta a la restricción $g(x, y, z) = \dfrac{x^2}{100} + \dfrac{y^2}{9} + \dfrac{z^2}{4} - 1$. Así, el operador Lagrangiano es

$$L(x, y, z, \lambda) = xyz - \lambda \left(\frac{x^2}{100} + \frac{y^2}{9} + \frac{z^2}{4} - 1 \right).$$

Obtenemos los puntos críticos resolviendo el sistema

$$\begin{cases} L_x = yz - \dfrac{\lambda x}{50} = 0 \leftrightarrow \lambda x = 50yz, \\ L_y = 2\lambda y - 9xz = 0 \leftrightarrow 2\lambda y = 9xz, \\ L_z = xy - \dfrac{\lambda z}{2} = 0 \leftrightarrow \lambda z = 2xy, \\ L_\lambda = \dfrac{x^2}{100} + \dfrac{y^2}{9} + \dfrac{z^2}{4} - 1 = 0 \leftrightarrow \dfrac{x^2}{100} + \dfrac{y^2}{9} + \dfrac{z^2}{4} = 1. \end{cases}$$

Operando algebraicamente, de las ecuaciones primera y segunda

$$2\lambda y = 9xz \overset{x=50yz/\lambda}{\longleftrightarrow} 2\lambda y = 9\frac{50yz}{\lambda}z \leftrightarrow \lambda^2 = 225z^2.$$

De las ecuaciones primera y tercera

$$\lambda z = 2xy \overset{x=50yz/\lambda}{\longleftrightarrow} \lambda z = 2\frac{50yz}{\lambda}y \leftrightarrow \lambda^2 = 100y^2.$$

Reemplazando estas dos expresiones en la primera ecuación,

$$\lambda^2 x^2 = 50^2 y^2 z^2 \leftrightarrow \lambda^2 x^2 = 50^2 \frac{\lambda^2}{100} \frac{\lambda^2}{225} \leftrightarrow 225 \cdot 100 x^2 = 50^2 \lambda^2 \leftrightarrow 9x^2 = \lambda^2.$$

Sustituyendo las expresiones de x^2, y^2 y z^2 en la cuarta ecuación, obtenemos

$$\frac{\lambda^2}{9 \cdot 100} + \frac{\lambda^2}{100 \cdot 9} + \frac{\lambda^2}{225 \cdot 4} = 1 \leftrightarrow \frac{3\lambda^2}{900} = 1 \leftrightarrow \lambda^2 = 300 \leftrightarrow \lambda = \pm 10\sqrt{3},$$

luego los valores de x^2, y^2 y z^2 son

$$x^2 = \frac{\lambda^2}{9} = \frac{100 \cdot 3}{9} = \frac{100}{3}, y^2 = \frac{\lambda^2}{100} = \frac{100 \cdot 3}{100} = 3, z^2 = \frac{\lambda^2}{225} = \frac{100 \cdot 3}{225} = \frac{4}{3}.$$

Los valores de x, y y z tienen que ser positivos (por las condiciones del problema, ya que calculamos un volumen). Así el único punto crítico se da para para $\lambda = 10\sqrt{3}$:
$x = \frac{10}{\sqrt{3}}$, $y = \sqrt{3}$, $z = \frac{2}{\sqrt{3}}$, luego $C = \frac{1}{\sqrt{3}}(10, 3, 2)$.

El volumen en este caso es $V(C) = \frac{60}{\sqrt{3}}$ y se puede demostrar que es máximo.

Problema 17

La intersección del plano $x + \frac{1}{2}y + \frac{1}{3}z = 0$ con la esfera unitaria $x^2 + y^2 + z^2 = 1$ es un círculo máximo. Determina el punto sobre ese círculo con coordenada x máxima.

Solución
El objetivo es maximizar la función $f(x, y, z) = x$ sujeta a las dos restricciones

$$g(x, y, z) = x + \frac{1}{2}y + \frac{1}{3}z = 0, \ h(x, y, z) = x^2 + y^2 + z^2 - 1 = 0.$$

Por tanto, el operador Lagrangiano es

$$L(x, y, z, \lambda, \mu) = x - \lambda(x + \frac{1}{2}y + \frac{1}{3}z) - \mu(x^2 + y^2 + z^2 - 1).$$

Los puntos críticos los obtendremos resolviendo el sistema

$$
\begin{cases}
\dfrac{\partial L}{\partial x} = 1 - \lambda - 2\mu x = 0, \\[2mm]
\dfrac{\partial L}{\partial y} = 0 - \lambda/2 - 2\mu y = 0, \\[2mm]
\dfrac{\partial L}{\partial z} = 0 - \lambda/3 - 2\mu z = 0, \\[2mm]
\dfrac{\partial L}{\partial \lambda} = x + \dfrac{1}{2}y + \dfrac{1}{3}z = 0, \\[2mm]
\dfrac{\partial L}{\partial \mu} = x^2 + y^2 + z^2 - 1 = 0.
\end{cases}
$$

La segunda y tercera ecuación dan lugar a $\lambda = -4\mu y$ y $\lambda = -6\mu z$. Como $\mu \neq 0$, se tiene

$$
-4\mu y = -6\mu z \quad \Rightarrow \quad y = \frac{3}{2}z.
$$

Utilizando esta relación en la cuarta ecuación

$$
x + \frac{1}{2}y + \frac{1}{3}z = x + \frac{1}{2}\left(\frac{3}{2}z\right) + \frac{1}{3}z = 0 \quad \Rightarrow \quad x = -\frac{13}{12}z.
$$

Finalmente, sustituimos en la última ecuación

$$
x^2 + y^2 + z^2 - 1 = \left(-\frac{13}{12}z\right)^2 + \left(\frac{3}{2}z\right)^2 + z^2 - 1 = 0
$$

para obtener que $\dfrac{637}{144}z^2 = 1$, es decir, $z = \pm\dfrac{12}{7\sqrt{13}}$. Como $x = -\dfrac{13}{12}z$ e $y = \dfrac{3}{2}z$, los puntos críticos son

$$
C_1 = \left(-\frac{\sqrt{13}}{7}, \frac{18}{7\sqrt{13}}, \frac{12}{7\sqrt{13}}\right), \quad C_2 = \left(\frac{\sqrt{13}}{7}, -\frac{18}{7\sqrt{13}}, -\frac{12}{7\sqrt{13}}\right).
$$

El punto crítico con mayor coordenada x (el valor máximo de $f(x, y, z)$) es C_2, de coordenada $x = \dfrac{\sqrt{13}}{7} \approx 0.515$

Problema 18

Determina los valores extremos de la función $f(x, y) = 2x + 5y$ sobre la elipse de semieje horizontal $a = 4$ y semieje vertical $b = 3$.

Solución

La ecuación de la elipse es

$$\frac{x^2}{16} + \frac{y^2}{9} = 1,$$

por lo que la restricción de nuestro problema la escribimos como

$$g(x, y) = \frac{x^2}{16} + \frac{y^2}{9} - 1 = 0.$$

Así el operador Lagrangiano resulta

$$L(x, y, \lambda) = 2x + 5y - \lambda \left(\frac{x^2}{16} + \frac{y^2}{9} - 1 \right).$$

Los puntos críticos los obtendremos resolviendo el sistema

$$\begin{cases} \dfrac{\partial L}{\partial x} &= 2 - \lambda x/8 = 0, \\[2mm] \dfrac{\partial L}{\partial y} &= 5 - (2/9)\lambda y = 0, \\[2mm] \dfrac{\partial L}{\partial \lambda} &= -(x^2/16 + y^2/9 - 1) = 0. \end{cases}$$

De las dos primeras ecuaciones, obtenemos

$$\lambda = \frac{16}{x} \quad \text{y} \quad \lambda = \frac{45}{2y}.$$

Observemos que podemos dividir por x e y ya que con $x = 0$ ó $y = 0$ el sistema no tendría solución. Al igualar los dos valores de λ obtenemos la relación $y = \dfrac{45}{32}x$.

Sustituyendo esta relación en la tercera ecuación, resulta

$$x^2 \left(\frac{1}{16} + \frac{225}{1024} \right) = x^2 \left(\frac{289}{1024} \right) = 1.$$

Por tanto, $x = \pm\sqrt{\dfrac{1024}{289}} = \pm\dfrac{32}{17}$ y los puntos críticos son

$$C_1 = \left(\frac{32}{17}, \frac{45}{17} \right) \quad \text{y} \quad C_2 = \left(-\frac{32}{17}, -\frac{45}{17} \right).$$

Calculando el valor de f en estos puntos obtenemos $f(C_1) = 17$ y $f(C_2) = -17$. Por tanto, el máximo de la función f sobre la elipse es 17 y se alcanza en el punto C_1 mientras que el mínimo es -17 y se alcanza en el punto C_2.

Problema 19

Determina el punto (a, b) sobre la gráfica de la curva $y = e^x$ en el que el valor ab sea lo más pequeño posible.

Solución
La función a minimizar es $f(a, b) = ab$ y la restricción viene descrita por la función $g(a, b) = e^a - b = 0$. Así, el operador Lagrangiano de este problema es

$$L(a, b, \lambda) = ab - \lambda(e^a - b).$$

En lugar de utilizar multiplicadores de Lagrange, vamos a incluir la restricción en la función a minimizar. Así, la función resulta ser de una variable $h(a) = ae^a$ y sus puntos críticos

$$h'(a) = e^a + ae^a = (1 + a)e^a = 0 \quad \Rightarrow \quad a = -1.$$

Analizamos la segunda derivada en ese punto, $h''(a) = (2 + a)e^a$ y entonces $h''(-1) = e^{-1} > 0$. El punto $a = -1$ es un mínimo de la función h, luego el punto $(-1, e^{-1})$ es un mínimo de la función f perteneciente a la gráfica de la función exponencial. Ese valor mínimo es $f(-1, e^{-1}) = -1/e$.

Problema 20

Consideremos la función de dos variables $f(x, y) = x^4 - 2px^2 - y^2 + 3$, donde p es un parámetro real libre. Analiza el carácter de los puntos críticos de f en función del parámetro p.

Solución

Para determinar los puntos críticos debemos resolver el sistema

$$\begin{cases} \dfrac{\partial f}{\partial x} & = & 4x(x^2 - p) = 0, \\[2mm] \dfrac{\partial f}{\partial y} & = & -2y = 0. \end{cases}$$

De la segunda ecuación resulta $y = 0$. Para analizar la primera ecuación, vamos a considerar los siguientes casos:

- $p > 0$. En este caso, las soluciones de la primera ecuación son $x = 0$ y $x = \pm\sqrt{p}$. Los puntos críticos serán, por tanto,

$$p_1 = (0, 0), \quad p_2 = (\sqrt{p}, 0), \quad p_3 = (-\sqrt{p}, 0).$$

- $p = 0$. En este caso, la única solución de la primera ecuación es $x = 0$ y el único punto crítico p_1.

- $p < 0$. Situación análoga a la del caso $p = 0$. El único punto crítico es p_1.

La matriz Hessiana asociada a la función f es

$$H(x, y) = \begin{pmatrix} 12x^2 - 4p & 0 \\ 0 & -2 \end{pmatrix}.$$

- $p > 0$. Para p_1 la matriz H es definida negativa por lo que p_1 es un máximo relativo. El criterio del Hessiano nos indica que los puntos p_2 y p_3 son puntos de silla.

- $p = 0$. La matriz Hessiana es la matriz nula, por lo que no nos proporciona información. Ahora bien, en este caso $f(x, y) = x^4 - y^2 + 3$. Observamos que, $f(x,0) > 3 = f(0,0)$ y $f(0,y) < 3 = f(0,0)$ por lo que p_1 es un punto de silla.

- $p < 0$. El criterio del Hessiano nos permite afirmar que p_1 es un punto de silla.

Problema 21

Determina las dimensiones de una caja con volumen 16 cm^3 sin utilizar multiplicadores de Lagrange, de manera que se minimice el coste de producción, sabiendo que las caras laterales cuestan a 1 €/cm^2 y las tapas a 2 €/cm^2. ¿Cuánto cuesta la caja?

Solución
Si denotamos por x, y, z el largo, ancho y alto de la caja tenemos que el coste de producción viene dado por:

$$c(x,y,z) = 2(xz + yz + 2xy).$$

Para minimizar el coste de producción basta minimizar la función:

$$C(x,y,z) = xz + yz + 2xy.$$

Utilizando que el volumen es 16 podemos expresar $z = \dfrac{16}{xy}$ y sustituyendo en la función coste tenemos:

$$C(x,y) = xz + yz + 2xy = \dfrac{16(x+y)}{xy} + 2xy.$$

Hallamos el gradiente e igualamos a cero, obteniendo el sistema no lineal:

$$\begin{cases} C_x(x,y) = \dfrac{16xy - 16(x+y)y}{x^2y^2} + 2y = 0, \\ C_y(x,y) = \dfrac{16xy - 16(x+y)x}{x^2y^2} + 2x = 0. \end{cases}$$

Simplificando resulta:

$$
\begin{cases}
C_x(x,y) = \dfrac{-16}{x^2} + 2y = 0, \\
C_y(x,y) = \dfrac{-16}{y^2} + 2x = 0.
\end{cases}
$$

Operando y restando ambas ecuaciones se tiene $2xy(x-y) = 0$, de donde deducimos que $x = y$ (ya que ningún lado puede tener longitud nula) y por tanto sustituyendo en la primera ecuación tenemos $\dfrac{-16}{x^2} + 2x = 0$ de donde se obtiene $x = \sqrt[3]{8} = 2$. Por lo que el único punto crítico obtenido es $P = (2,2)$. Para comprobar que se trata de un mínimo hemos de obtener el Hessiano de $C(x,y)$

$$
H_C(x,y) = \begin{pmatrix} \dfrac{32}{x^3} & 2 \\ 2 & \dfrac{32}{y^3} \end{pmatrix}.
$$

Al evaluar su determinante en el punto crítico resulta:

$$
\det\left(H_C(2,2)\right) = \det \begin{pmatrix} 4 & 2 \\ 2 & 4 \end{pmatrix} = 12 > 0,
$$

además $C_{xx}(2,2) = 4 > 0$, por lo que el punto crítico corresponde a un mínimo. El valor correspondiente de la altura es $z = 4$, y podemos afirmar que las dimensiones de la caja tapada, con volumen dado igual a 16 cm^3, que minimizan el coste de producción, cuando el precio de las tapas es 2 €/cm^2 y el de las caras laterales está a mitad de precio, son largo igual a ancho dado por 2 cm y con el doble de altura, siendo el coste total de la caja

$$
c(2,2,4) = 2\left(2 \cdot 4 + 2 \cdot 4 + 2 \cdot 2 \cdot 2\right) = 48 \ \text{€}.
$$

Problema 22

Halla de forma totalmente razonada los máximos y mínimos absolutos y relativos de la función $f(x, y) = xy + 2x - 4\ln(x^2 y)$ sobre el triángulo determinado por las vértices $(1, 1), (1, 3)$ y $(3, 3)$.
Puedes utilizar en tu razonamiento los siguiente valores de la función:

(x, y)	$\left(\dfrac{5}{8}, 1\right)$	$(1, 1)$	$(1, 3)$	$\left(\dfrac{3}{2}, 1\right)$	$(2, 2)$	$(3, 3)$	$\left(\dfrac{8}{5}, 3\right)$
$f(x, y)$	5.63	3	0.61	1.26	-0.32	1.82	-0.15

Solución

Calculamos los puntos críticos de $f(x, y)$ y determinamos de qué tipo son. Para ello es necesario que tanto $f_x(x, y) = y + 2 - \dfrac{8}{x}$ como $f_y(x, y) = x - \dfrac{4}{y}$ se anulen.

Resolviendo el sistema de ecuaciones obtenemos un único punto crítico, el $(2, 2)$. Para ver su carácter calculamos las derivadas parciales segundas y el determinante de la matriz Hessiana

$$\det\left(H_f(x, y)\right) = \det\begin{pmatrix} 8/x^2 & 1 \\ 1 & 4/y^2 \end{pmatrix}\Bigg|_{(2,2)} = \det\begin{pmatrix} 2 & 1 \\ 1 & 1 \end{pmatrix} = 1 > 0,,$$

además $f_{xx}(x, y) = 2 > 0$ luego el punto crítico $(2, 2)$ es un mínimo relativo.

Veamos cómo se comporta la función en la frontera. Analizaremos cuáles son los máximos y mínimos de $f(x, y)$ sobre cada lado del triángulo T representado en la figura.

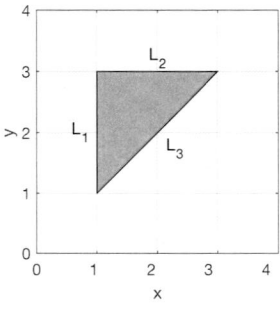

- Lado $L_1 : x = 1, 1 \leq y \leq 3$. Se tiene $f(1, y) = y + 2 - 4\log(y) = g(y)$; resolviendo $g'(y) = 1 - 4/y = 0$, obtenemos $y = 4$ que no pertenece al rango donde varía y, observamos que $g(y)$ es decreciente en $[1, 3]$ por lo que alcanza el valor mínimo en $y = 3$, $(g(1) = f(1, 3) = 0.61)$ y el valor máximo en $y = 1$, $g(1) = f(1, 1) = 3$.

- Lado $L_2 : y = 3, 1 \leq x \leq 3$. Aquí $f(x, 3) = 3x + 2x - 4\log(3x^2) = h(x)$; resolviendo $h'(x) = 5 - 8/x = 0$, tenemos $x = 8/5$ y como $h''(x) = 8/x^2 > 0$ deducimos que se trata de un valor mínimo relativo, $h(8/5) = f(8/5, 3) = -0.15$, además en los extremos del intervalo se tiene: $h(1) = f(1, 3) = 1.61$ y en $x = 3$ con $f(3, 3) = 1.82$.

- Lado $L_3 : y = x, 1 \leq x \leq 3$. Ahora $f(x, x) = x^2 + 2x - 4\log(x^3) = k(x)$, resolviendo $k'(x) = 2x + 2 - 12/x = 0$, obtenemos las soluciones $x = 2$ y $x = -3$, esta última no pertenece al segmento estudiado y la solución primera nos proporciona el valor $(2, 2)$ que ya ha sido analizado.

Finalmente, comparando los valores de la función $f(x, y)$ sobre los extremos calculados (en el interior de T y en su frontera), concluimos que el máximo absoluto de f está en $(1, 1)$, siendo $f(1, 1) = 3$, mientras que el mínimo absoluto se alcanza en $(2, 2)$ con $f(2, 2) = -0.32$. Por último en $(8/5, 3)$ la función tiene un mínimo relativo.

Problema 23

Consideremos el vector de $\mathbb{R}^3$, $v = (2, 3, 1)$. Queremos encontrar vectores $u \in \mathbb{R}^3$, con $|u| = 1$, para los cuales el producto escalar $u \cdot v$ sea máximo o mínimo.

(a) Plantea el operador Lagrangiano L y encuentra sus puntos críticos,

(b) Comprueba que la matriz Hessiana asociada a L y evaluada en los puntos críticos no es ni definida positiva ni definida negativa,

(c) Utiliza un razonamiento distinto al de la matriz Hessiana para determinar el vector u tal que $u \cdot v$ es máximo y el vector u tal que $u \cdot v$ es mínimo.

Solución

(a) Llamamos $u = (x, y, z)$ y queremos optimizar (maximizar o minimizar) el producto escalar $u \cdot v = 2x + 3y + z$, sabiendo que u está en la esfera unidad, es decir $x^2 + y^2 + z^2 = 1$. Por tanto, el operador Lagrangiano vendrá dado por

$$L(x, y, z, \lambda) = 2x + 3y + z - \lambda(x^2 + y^2 + z^2 - 1).$$

Para determinar los puntos críticos de este operador debemos resolver el sistema $\nabla L = (0, 0, 0, 0)$, es decir,

$$\begin{cases} L_x &= 2 - 2\lambda x &= 0, \\ L_y &= 3 - 2\lambda y &= 0, \\ L_z &= 1 - 2\lambda z &= 0, \\ L_\lambda &= -(x^2 + y^2 + z^2 - 1) &= 0. \end{cases}$$

De las tres primeras ecuaciones obtenemos

$$x = 2\frac{1}{2\lambda}, \ y = 3\frac{1}{2\lambda}, \ z = 1\frac{1}{2\lambda},$$

y al sustituir en la última ecuación obtenemos $\lambda = \pm\dfrac{\sqrt{7}}{\sqrt{2}}$. Por tanto, los dos puntos críticos del operador L son

$$P_1 = \left(\frac{\sqrt{2}}{\sqrt{7}}, \frac{3\sqrt{2}}{2\sqrt{7}}, \frac{\sqrt{2}}{2\sqrt{7}}, \frac{\sqrt{7}}{\sqrt{2}} \right) \ \text{y} \ P_2 = \left(-\frac{\sqrt{2}}{\sqrt{7}}, -\frac{3\sqrt{2}}{2\sqrt{7}}, -\frac{\sqrt{2}}{2\sqrt{7}}, -\frac{\sqrt{7}}{\sqrt{2}} \right).$$

(b) La matriz Hessiana asociada al operador L es

$$H_L(x, y, z, \lambda) = \begin{pmatrix} -2\lambda & 0 & 0 & -2x \\ 0 & -2\lambda & 0 & -2y \\ 0 & 0 & -2\lambda & -2z \\ -2x & -2y & -2z & 0 \end{pmatrix}.$$

Podemos comprobar que

$$\det\left(H_L(P_1)\right) < 0 \ \text{y} \ \det\left(H_L(P_2)\right) < 0,$$

por lo que la matriz Hessiana en cada uno de los puntos críticos no es ni definida positiva ni definida negativa.

(c) Observando las expresiones $x = 2\dfrac{1}{2\lambda}$, $y = 3\dfrac{1}{2\lambda}$, $z = 1\dfrac{1}{2\lambda}$, podemos concluir

que u tiene que ser un múltiplo de v, por lo que $u = \left(\dfrac{\sqrt{2}}{\sqrt{7}}, \dfrac{3\sqrt{2}}{2\sqrt{7}}, \dfrac{\sqrt{2}}{2\sqrt{7}} \right)$ es

el máximo y $u = \left(-\dfrac{\sqrt{2}}{\sqrt{7}}, -\dfrac{3\sqrt{2}}{2\sqrt{7}}, -\dfrac{\sqrt{2}}{2\sqrt{7}} \right)$ el mínimo.

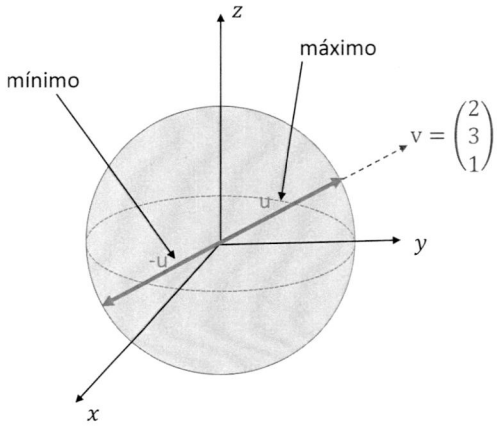

Problema 24

Una empresa planea gastar $10000 \;€$ en publicidad. Se sabe que un minuto de publicidad en la televisión cuesta $4000 \;€$ y un minuto de publicidad en la radio $1000 \;€$. La empresa contrata x minutos en la televisión e y minutos en la radio. Con esa inversión en publicidad sus ingresos, en miles de euros, vienen dados por la función $f(x,y) = -x^2 - y^2 + xy + 8x + 6y$. Utilizando multiplicadores de Lagrange, responde a las siguientes preguntas.

- ¿Cómo debe repartir la empresa su publicidad entre la radio y la televisión para maximizar sus ingresos?
- ¿Cuáles serían dichos ingresos?

Solución

La función ingresos, expresada en miles de euros, es $f(x,y) = -x^2 - y^2 + xy + 8x + 6y$. Teniendo en cuenta el coste por minuto en televisión y radio y el dinero que la empresa está dispuesta a gastar, se debe cumplir que $4000x + 1000y = 10000$. Como la función ingresos está expresada en miles de euros, la restricción será $4x + y = 10$. Así pues, la función Lagrangiana la expresamos de la forma

$$L(x, y, \lambda) = -x^2 - y^2 + xy + 8x + 6y - \lambda(4x + y - 10).$$

Planteamos el sistema $\vec{\nabla}L = (0, 0, 0)$, obteniendo

$$\begin{cases} L_x(x, y, \lambda) = & -2x + y + 8 - 4\lambda & = 0, \\ L_y(x, y, \lambda) = & -2y + x + 6 - \lambda & = 0, \\ L_\lambda(x, y, \lambda) = & -(4x + y - 10) & = 0. \end{cases}$$

De la segunda ecuación, $x = 2y + \lambda - 6$, que al llevarlo a la primera, resulta

$$y = \frac{20}{3} - 2\lambda \ \text{ y por tanto } \ x = \frac{22}{3} - 3\lambda.$$

Llevando estos valores a la tercera ecuación obtenemos $\lambda = \dfrac{13}{7}$. Por tanto,

$$y = \frac{20}{3} - \frac{26}{7} = \frac{62}{21} \approx 2.95 \text{ minutos de radio,}$$

$$x = \frac{22}{3} - \frac{39}{7} = \frac{37}{21} \approx 1.76 \text{ minutos de televisión}$$

El punto obtenido $\left(\dfrac{37}{21}, \dfrac{62}{21}, \dfrac{13}{7}\right)$ ¿es un máximo?

Si calculamos la matriz Hessiana asociada al operador L, resulta

$$H_L(x, y, \lambda) = \begin{pmatrix} -2 & 1 & -4 \\ 1 & -2 & -1 \\ -4 & -1 & 0 \end{pmatrix},$$

de la que no obtenemos la información deseada, ya que $H_L(x, y, \lambda)$ es una matriz indefinida. Por tanto, no podemos concluir que el punto $\left(\dfrac{37}{21}, \dfrac{62}{21}\right)$ sea un máximo de la función $f(x, y)$.

Los ingresos para el punto obtenido son

$$f\left(\frac{37}{21}, \frac{62}{21}\right) = -\frac{37^2}{21^2} - \frac{62^2}{21^2} + \frac{37}{21}\frac{62}{21} + 8\frac{37}{21} + 6\frac{62}{21} \approx 25.191 \ \text{€.}$$

Problema 25

Consideremos la esfera S de centro $(0,0,0)$ y radio 2 y el punto no perteneciente a S, $P = (3,1,-1)$. Utiliza la técnica de los multiplicadores de Lagrange y el criterio del Hessiano para encontrar los puntos de S más próximos y más alejados del punto P.

Solución

La ecuación de la esfera S es $x^2 + y^2 + z^2 = 4$. Dado un punto cualquiera de la esfera, su distancia al punto P viene dada por la expresión

$$d(x,y,z) = \sqrt{(x-3)^2 + (y-1)^2 + (z+1)^2}.$$

Como sabemos, maximizar o minimizar la función d es equivalente a hacer lo propio con d^2, por lo que será ésta la función que vamos a optimizar en este problema.

Por tanto, construimos la función Lagrangiana de la forma:

$$L(x,y,z,\lambda) = (x-3)^2 + (y-1)^2 + (z+1)^2 - \lambda(x^2 + y^2 + z^2 - 4).$$

Vamos a determinar los puntos críticos de la función L, para lo que resolvemos el sistema $\nabla L(x,y,z,\lambda) = 0$.

$$\begin{cases} L_x = 2(x-3) - 2\lambda x = 0, \\ L_y = 2(y-1) - 2\lambda y = 0, \\ L_z = 2(z+1) - 2\lambda z = 0, \\ L_\lambda = -(x^2 + y^2 + z^2 - 4) = 0. \end{cases}$$

Despejando λ de las tres primeras ecuaciones resulta

$$\frac{x-3}{x} = \frac{y-1}{y} = \frac{z+1}{z}.$$

De la primera igualdad obtenemos $x = 3y$ y de la segunda $z = -y$, lo que llevado a la última ecuación nos da dos posibles valores para la variable y, $y = \pm\dfrac{2}{\sqrt{11}}$.

- Con $y = \dfrac{2}{\sqrt{11}}$, resulta $x = \dfrac{6}{\sqrt{11}}$, $z = \dfrac{-2}{\sqrt{11}}$ y $\lambda_1 = 1 - \dfrac{\sqrt{11}}{2}$, luego un punto crítico es

$$P_1 = \left(\frac{6}{\sqrt{11}}, \frac{2}{\sqrt{11}}, \frac{-2}{\sqrt{11}} \right), \quad \text{asociado a} \quad \lambda_1 = 1 - \frac{\sqrt{11}}{2}.$$

- Con $y = \dfrac{-2}{\sqrt{11}}$, resulta $x = \dfrac{-6}{\sqrt{11}}$, $z = \dfrac{2}{\sqrt{11}}$ y $\lambda_2 = 1 + \dfrac{\sqrt{11}}{2}$, luego un punto crítico es

$$P_2 = \left(\frac{-6}{\sqrt{11}}, \frac{-2}{\sqrt{11}}, \frac{2}{\sqrt{11}} \right), \quad \text{asociado a} \quad \lambda_2 = 1 + \frac{\sqrt{11}}{2}.$$

La matriz Hessiana asociada a las tres primeras ecuaciones anteriores es:

$$H = \begin{pmatrix} 2 - 2\lambda & 0 & 0 \\ 0 & 2 - 2\lambda & 0 \\ 0 & 0 & 2 - 2\lambda \end{pmatrix}.$$

Al evaluar la matriz Hessiana en cada uno de los puntos, sólo interviene el valor de λ asociado con el que podemos concluir:

- Para P_1 la matriz H es definida positiva por lo que P_1 es un punto mínimo.

- Para P_2 la matriz H es definida negativa por lo que P_2 es un punto máximo.

El punto de la esfera más cercano a P es P_1 y el más alejado a P es P_2.

Problema 26

Calcula los extremos absolutos de la función $f(x, y) = x + y$ en el dominio

$$D = \{(x, y) \in \mathbb{R}^2 : x \geq 0, y \geq 0, 1 \leq x^2 + y^2 \leq 4\}.$$

Solución
El dominio en el que estamos trabajando queda representado en la siguiente figura.

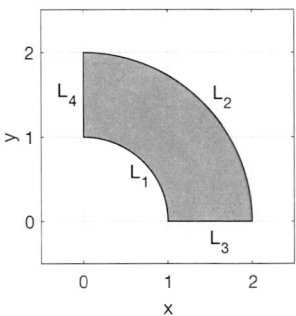

Sabemos que los extremos absolutos de una función en un recinto cerrado y acotado se alcanzan en puntos críticos de la función o en puntos de la frontera del recinto. Como la función f no tiene puntos críticos ($f_x(x,y) = f_y(x,y) \neq 0, \forall (x,y) \in \mathbb{R}^2$), vamos a analizar f en la frontera de D.

Como el conjunto D es una sección de anillo circular, lo más apropiado en este caso es utilizar coordenadas polares (ρ, α). En este sistema de coordenadas, el dominio D se define como

$$D = \{(\rho, \alpha) \in \mathbb{R}^2 : 0 \leq \alpha \leq \frac{\pi}{2}, 1 \leq \rho \leq 2\},$$

y su frontera está definida por las restricciones $\rho = 1$, $\rho = 2$, $\alpha = 0$ y $\alpha = \frac{\pi}{2}$. Luego $f(\rho, \alpha) = \rho(\sin(\alpha) + \cos(\alpha))$.

- En $L_1 : \rho = 1, \alpha \in [0, \frac{\pi}{2}]$. $f(1, \alpha) = \sin(\alpha) + \cos(\alpha) = g(\alpha)$. Es fácil ver que

$$g'(\alpha) = 0 \leftrightarrow \sin(\alpha) = \cos(\alpha) \leftrightarrow \alpha = \frac{\pi}{4}.$$

Además, $g''(\alpha) < 0$ para todo $\alpha \in \left[0, \frac{\pi}{2}\right]$, luego f tiene un máximo en el punto $\left(1, \frac{\pi}{4}\right)$ de valor $f\left(1, \frac{\pi}{4}\right) = \sqrt{2}$. Sobre L_1 los valores mínimos de la función se dan en los extremos: $f(1,0) = f\left(1, \frac{\pi}{2}\right) = 1$.

- En $L_2 : \rho = 2, \alpha \in [0, \frac{\pi}{2}]$. $f(2, \alpha) = 2(\sin(\alpha) + \cos(\alpha)) = h(\alpha)$. De forma totalmente análoga al caso L_1, f tiene un máximo en el punto $\left(2, \frac{\pi}{4}\right)$, de valor $f\left(2, \dfrac{\pi}{4}\right) = 2\sqrt{2}$. De idéntica forma, los valores mínimos de la función se dan en los extremos: $f(2,0) = f\left(2, \dfrac{\pi}{2}\right) = 2$.

- En $L_3 : \alpha = 0, 1 \leq \rho \leq 2$. Entonces, $f(\rho, 0) = \rho$, luego f tendrá un mínimo en $(1, 0)$ y un máximo en $(2, 0)$, tomando, respectivamente, los valores, $f(1,0) = 1$ y $f(2,0) = 2$.

- En $L_4 : \alpha = \dfrac{\pi}{2}, 1 \leq \rho \leq 2$. $f\left(\rho, \dfrac{\pi}{2}\right) = \rho$ y f tendrá un mínimo en $\left(1, \dfrac{\pi}{2}\right)$ y un máximo en $\left(2, \dfrac{\pi}{2}\right)$, siendo $f\left(1, \dfrac{\pi}{2}\right) = 1$ y $f\left(2, \dfrac{\pi}{2}\right) = 2$.

Comparando los resultados obtenidos, deducimos que el máximo absoluto de f está en el punto $\left(2, \dfrac{\pi}{4}\right)$ y el mínimo absoluto en los puntos $(1,0)$ y $\left(1, \dfrac{\pi}{2}\right)$.

Problema 27

Una sonda espacial con forma esférica de radio 6 unidades entra en la atmósfera y empieza a calentarse. Transcurrida una hora, la temperatura en un punto (x, y, z) de su superficie viene dada por $T(x, y, z) = 6x - y^2 + xz + 60$. Determina los puntos de la superficie de la sonda más fríos y más calientes utilizando multiplicadores de Lagrange y el criterio de la matriz Hessiana orlada.

Solución

La ecuación de la sonda espacial es $x^2 + y^2 + z^2 = 36$, por lo que la restricción de nuestro problema será la función $g(x, y, z) = x^2 + y^2 + z^2 - 36$. Así pues, nuestra función Lagrangiana tendrá la expresión

$$L(x, y, x, \lambda) = 6x - y^2 + xz + 60 - \lambda(x^2 + y^2 + z^2 - 36).$$

Para encontrar los puntos críticos debemos resolver el sistema no lineal

$$\begin{cases} L_x &= 6 + z - 2\lambda x = 0, \\ L_y &= -2y - 2\lambda y = 0, \\ L_z &= x - 2\lambda z = 0, \\ L_\lambda &= -(x^2 + y^2 + z^2 - 36) = 0. \end{cases}$$

La segunda ecuación se expresa como $-2y(1 + \lambda) = 0$, de donde $y = 0$ ó $\lambda = -1$. Vamos a analizar cada caso.

(i) Caso $y = 0$. Despejando λ de la ecuaciones primera y tercera tenemos $\dfrac{x}{2z} = \dfrac{6+z}{2x}$, es decir, $x^2 = 6z + z^2$. Esta ecuación, junto con la cuarta, permite obtener los valores de z, $z = 3$ y $z = -6$, y a partir de estos los de x, $x = \pm 3\sqrt{3}$ y $x = 0$. Por tanto, los puntos críticos que obtenemos en este caso son:

$$A = (3\sqrt{3}, 0, 3, \sqrt{3}/2), \quad B = (-3\sqrt{3}, 0, 3, -\sqrt{3}/2), \quad C = (0, 0, -6, 0).$$

(ii) Caso $\lambda = -1$. De las ecuaciones primera y tercera obtenemos $z = 2$ y $x = -4$. Llevando estos valores a la cuarta ecuación, se tiene $y = \pm 4$. Por tanto, los puntos críticos para este caso son

$$P = (-4, 4, 2, -1), \quad Q = (-4, -4, 2, -1).$$

Vamos a construir la matriz Hessiana orlada para poder clasificar los cinco puntos obtenidos.

$$H(x, y, z, \lambda) = \begin{pmatrix} 0 & 2x & 2y & 2z \\ 2x & -2\lambda & 0 & 1 \\ 2y & 0 & -2-2\lambda & 0 \\ 2z & 1 & 0 & -2\lambda \end{pmatrix}.$$

Vamos a clasificar los puntos críticos evaluando la matriz H en cada uno de ellos y analizando el signo de alguno de sus menores principales.

(i) Punto P.

$$H(P) = \begin{pmatrix} 0 & -8 & 8 & 4 \\ -8 & 2 & 0 & 1 \\ 8 & 0 & 0 & 0 \\ 4 & 1 & 0 & 2 \end{pmatrix}.$$

Comprobamos que $signo(H(P)_3) = (-1)^1$ y $signo(H(P)) = (-1)^1$, por lo que el punto P es un mínimo relativo.

(ii) Punto Q.

$$H(Q) = \begin{pmatrix} 0 & -8 & -8 & 4 \\ -8 & 2 & 0 & 1 \\ -8 & 0 & 0 & 0 \\ 4 & 1 & 0 & 2 \end{pmatrix}.$$

Comprobamos que $signo(H(Q)_3) = (-1)^1$ y $signo(H(Q)) = (-1)^1$, por lo que el punto Q vuelve a ser un mínimo relativo.

(iii) Punto A

$$H(A) = \begin{pmatrix} 0 & 6\sqrt{3} & 0 & 6 \\ 6\sqrt{3} & -\sqrt{3} & 0 & 1 \\ 0 & 0 & -2-\sqrt{3} & 0 \\ 6 & 1 & 0 & -\sqrt{3} \end{pmatrix}.$$

Se comprueba fácilmente que $signo(H(A)_3) = (-1)^2$ y $signo(H(A)) = -1$, por lo que el punto A es un máximo relativo.

(iv) Punto B

$$H(B) = \begin{pmatrix} 0 & -6\sqrt{3} & 0 & 6 \\ -6\sqrt{3} & \sqrt{3} & 0 & 1 \\ 0 & 0 & -2+\sqrt{3} & 0 \\ 6 & 1 & 0 & \sqrt{3} \end{pmatrix}.$$

Al analizar el signo de los menores principales 3×3 y 4×4 se confirma que el criterio de la Hessiana orlada no es concluyente.

(v) Punto C

$$H(C) = \begin{pmatrix} 0 & 0 & 0 & -12 \\ 0 & 0 & 0 & 1 \\ 0 & 0 & 0 & 0 \\ -12 & 1 & 0 & 0 \end{pmatrix}.$$

Análoga conclusión que para el punto B.

En consecuencia, el punto A es el más caliente de la sonda mientras que los puntos P y Q son los más fríos.

Problema 28

Consideremos la función de dos variables $f(x, y) = x^2 + y^2 - 6x - 2y + 12$. Se pide:

(a) Describe la gráfica de f, las curvas de nivel y sus máximos y mínimos relativos.

(b) Determina los puntos del recinto

$$A = \{(x, y) \in \mathbb{R}^2 : x \geq y, 0 \leq y \leq 4, x \leq 4\},$$

donde la función f alcanza su máximo y su mínimo absoluto.

(c) Determina la expresión del polinomio de Taylor de grado 2, $p_2(x, y)$, que aproxima a la función f en $(0, 0)$. Calcula el error cometido cuando aproximamos $f(x, y)$ por $p_2(x, y)$ en los puntos (x, y) tales que $|x| \leq 0.5$ y $|y| \leq 0.1$.

Solución

(a) Podemos reescribir la función como $f(x, y) = (x - 3)^2 + (y - 1)^2 + 2$, por lo que se trata de un paraboloide circular. Sus curvas de nivel vienen dadas por

$$k - 2 = (x - 3)^2 + (y - 1)^2,$$

es decir, circunferencias concéntricas de radio $\sqrt{k - 2}$ centradas en el punto $(3, 1)$.

Como $(x - 3)^2 \geq 0$ y $(y - 1)^2 \geq 0$, la función $f(x, y) \geq 2$, tomando el valor mínimo 2 en el punto $(3, 1)$.

(b) El recinto A viene representado en la figura, donde $P = (0, 0)$, $Q = (0, 4)$ y $R = (4, 4)$.

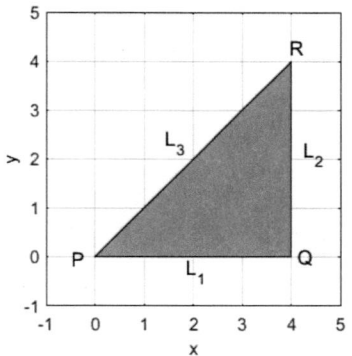

Analicemos el comportamiento de la función en los puntos de la frontera.

- $L_1 : y = 0, x \in [0,4]$. Tenemos que $f(x,0) = (x-3)^2 + 3 = g(x)$. Calculamos $g'(x) = 0 \leftrightarrow 2(x-3) = 0 \leftrightarrow x = 3$. Los valores de la función en el punto crítico $x = 3$ y en los extremos del intervalo son

$$g(3) = 3, g(0) = 12, g(4) = 4,$$

por lo que tenemos un valor mínimo 3 en el punto $(3,0)$ y un valor máximo 12 en el punto $(0,0)$.

- $L_2 : x = 4, y \in [0,4]$. Tenemos que $f(4,y) = (y-1)^2 + 3 = h(y)$. Calculamos $h'(y) = 0 \leftrightarrow 2(y-1) = 0 \leftrightarrow y = 1$. Los valores de la función en el punto crítico $y = 3$ y en los extremos del intervalo son

$$h(1) = 3, h(0) = 4, h(4) = 12,$$

por lo que tenemos un valor mínimo 3 en el punto $(4,1)$ y un valor máximo 12 en el punto $(4,4)$.

- $L_3 : x = y, x, y \in [0,4]$. Tenemos que $f(x,x) = 2x^2 - 8x + 12 = k(x)$. Calculamos $k'(x) = 0 \leftrightarrow 4x - 8 = 0 \leftrightarrow x = 2$. Los valores de la función en el punto crítico $x = 2$ y en los extremos del intervalo son

$$k(2) = 4, k(0) = 12, k(4) = 12,$$

por lo que tenemos un valor mínimo 4 en el punto $(2,2)$ y un valor máximo 12 en los puntos $(0,0)$ y $(4,4)$.

Los valores de los puntos calculados se muestran en la siguiente tabla.

$\downarrow y\backslash x \rightarrow$	0	2	3	4
0	12	-	3	-
1	-	-	2	3
2	-	4	-	-
4	-	-	-	12

Concluimos que el mínimo absoluto de f está en $(3,1)$ siendo $f(3,1) = 2$, mientras que los máximos absolutos están en $(0,0)$ y $(4,4)$ de valor 12.

(c) El polinomio de Taylor de segundo grado alrededor del punto $(0,0)$ tiene la expresión

$$
\begin{aligned}
p_2(x,y) &= f(0,0) + f_x(0,0)x + f_y(0,0)y + \\
&\quad + \frac{1}{2}\left(f_{xx}(0,0)x^2 + 2f_{xy}(0,0)xy + f_{yy}(0,0)y^2\right) = \\
&= 12 - 6x - 2y + \frac{1}{2}\left(2x^2 + 2\cdot 0 + 2y^2\right) = f(x,y),
\end{aligned}
$$

ya que estamos aproximando una función $f(x,y)$ polinómica por un polinomio. De este modo, el error que cometeremos siempre será 0, ya que $f(x,y) = p_2(x,y)$.

Problema 29

Consideremos la función $f(x,y,z) = x^2 + y^2 + bxyz + a(z+1)^2$.

(a) Determina los valores de los parámetros a y b para que el punto $(1,1,1)$ sea un punto crítico de la función f,

(b) ¿Qué información nos da la matriz Hessiana sobre el tipo de punto crítico?

(c) Con los valores obtenidos de a y b, ¿$(1,1,1)$ es un extremo condicionado de f sobre la esfera $x^2 + y^2 + z^2 = 1$?

Solución

(a) Los puntos críticos de $f(x,y,z)$ deben satisfacer el sistema formado por las ecuaciones

$$
\begin{cases}
f_x(x,y,z) &= 2x + byz = 0, \\
f_y(x,y,z) &= 2y + bxz = 0, \\
f_z(x,y,z) &= bxy + 2a(z+1) = 0.
\end{cases}
$$

Por tanto, como el punto $(1, 1, 1)$ es crítico, los parámetros a y b que buscamos son aquellos que son solución del sistema

$$
\begin{aligned}
f_x(1,1,1) &= f_y(1,1,1) = 2 + b = 0, \\
f_z(1,1,1) &= b + 4a = 0.
\end{aligned}
$$

De la primera ecuación se obtiene directamente $b = -2$; sustituyendo este valor en la segunda ecuación, se obtiene $a = \dfrac{1}{2}$.

(b) Conocidos estos valores de a y b, la matriz Hessiana de f es

$$
H_f(x, y, z) = \begin{pmatrix} 2 & -2z & -2y \\ -2z & 2 & -2x \\ -2y & -2x & 1 \end{pmatrix},
$$

y, evaluada en el punto crítico $(1, 1, 1)$,

$$
H_f(1, 1, 1) = \begin{pmatrix} 2 & -2 & -2 \\ -2 & 2 & -2 \\ -2 & -2 & 1 \end{pmatrix}.
$$

Su primer elemento $f_{xx}(1, 1, 1) = 2 > 0$, pero el determinante del menor correspondiente a las dos primeras filas y las dos primeras columnas es nulo. Por tanto, la matriz Hessiana no nos da información acerca del carácter del punto crítico.

(c) El punto $(1, 1, 1)$ no puede ser extremo condicionado de f sobre la esfera $x^2 + y^2 + z^2 = 1$ porque no pertenece a la esfera.

4.2   Problemas propuestos

1   Calcula el error exacto cometido al aproximar el valor de la función $f(x, y) = e^{x+y}$ en el punto $(0.15, -0.25)$ mediante la aproximación proporcionada por el polinomio de Taylor de primer y segundo grado en un entorno del origen.

Solución

$$
E_1(0.15, -0.25) = -\frac{9}{10} + \frac{1}{e^{1/10}}, \quad E_2(0.15, -0.25) = \frac{181}{200} - \frac{1}{e^{1/10}}.
$$

2 Determina los extremos absolutos de $f(x,y) = x^3 + x^2 y + y^2 + 2y$ en el dominio $R = \{(x,y) \in \mathbb{R}^2 : 0 \le x \le 2, -1 \le y \le 2\}$ y clasifica los extremos relativos.

Solución
Extremos relativos: $(0,-1)$ silla. Extremos absolutos: máximo de valor 24 en $(2,2)$, mínimo de valor $-\dfrac{31}{27}$ en $\left(\dfrac{2}{3}, -1\right)$.

3 Determina los extremos absolutos de $f(x,y) = x^2 + y^2 + x^2 y + 4$ en el dominio $R = \{(x,y) \in \mathbb{R}^2 : |x| \le 1, |y| \le 1\}$.

Solución
Extremos absolutos: máximo de valor 7 en $(-1,1)$ y $(1,1)$, mínimo de valor 4 en $(0,0)$.

4 Determina los lados de un rectángulo

(a) de perímetro 12 m para que su área sea máxima,
(b) de superficie 64 m^2 para que su perímetro sea mínimo.

Solución
(a) $x = y = 3$, (b) $x = y = 8$.

5 Encuentra tres números positivos cuya suma sea 100 y cuyo producto sea máximo.

Solución
$\left(\dfrac{100}{3}, \dfrac{100}{3}, \dfrac{100}{3}\right)$.

6 Encuentra los valores extremos de la función $f(x,y,z) = 2x + 6y + 10z$ sobre la esfera $x^2 + y^2 + z^2 = 35$ utilizando multiplicadores de Lagrange.

Solución
Máximo: $f(1,3,5) = 70$. Mínimo: $f(-1,-3,-5) = -70$.

7 Una caja rectangular sin tapa superior debe tener un volumen de 700 m^3. El material para la tapa inferior cuesta 7 €/m, mientras que para las caras laterales cuesta 5 €/m. ¿Cuáles son las dimensiones de la caja que minimizan el coste de construcción?

Solución
Base 10 m $\times 10$ m, altura 7 m.

8 Demuestra que las ecuaciones de Lagrange para la función $f(x,y) = 2x+y$ sujeta a la restricción $g(x,y) = x^2 - y^2 = 1$ tienen solución, pero la función f no tiene ni máximo ni mínimo sobre la curva de la restricción. ¿Contradice esto algún resultado?

9 Sea $B > 0$. Prueba que el máximo de la función

$$f(x_1, x_2, \ldots, x_n) = x_1 x_2 \cdots x_n,$$

sujeta a las restricciones $x_1 + x_2 + \cdots + x_n = B$, $x_i \geq 0$, se da en el punto $x_1 = x_2 = \cdots = x_n = B/n$.
Utiliza este resultado para deducir la desigualdad

$$(a_1 a_2 \cdots a_n)^{1/n} \leq \frac{a_1 + a_2 + \cdots + a_n}{n},$$

para cualesquiera números positivos $a_1, a_2, \ldots, a_n$.

10 Dados n números $\sigma_1, \sigma_2, \ldots, \sigma_n$ diferentes de cero, prueba que el valor mínimo de

$$f(x_1, x_2, \ldots, x_n) = x_1^2 \sigma_1^2 + x_2^2 \sigma_2^2 + \cdots + x_n^2 \sigma_n^2,$$

sujeta a la restricción $x_1 + x_2 + \cdots + x_n = 1$, es

$$c = \left(\sum_{i=1}^{n} \sigma_i^{-2} \right)^{-1}.$$

11 Al poner un triángulo isósceles sobre un rectángulo se forma un pentágono. Si dicho pentágono tiene un perímetro de 50 m, encuentra las longitudes de sus lados que hacen máxima el área del pentágono.

Solución

Base del triángulo y del rectángulo $50(2 - \sqrt{3})$, altura del rectángulo $\dfrac{25}{3}\left(3\sqrt{3} - 2\sqrt{3\left(7 - 4\sqrt{3}\right)} - 3\right)$, altura del triángulo $\dfrac{50}{\sqrt{3}} - 25$.

12 Descomponer un número real positivo a en 3 sumandos positivos, de manera que la suma de sus cubos sea mínima.

Solución

$x = a/3$, $y = a/3$, $z = a/3$.

13 Determina el máximo y el mínimo de la función

$$f(x, y, z) = x^2 + y^2 + z^2,$$

sujeta a las restricciones $z^2 = x^2 + y^2$ y $x + y - z + 1 = 0$.

Solución

Mínimo en $p = (-1 + \sqrt{2}/2, -1 + \sqrt{2}/2, -1 + \sqrt{2})$ de valor $f(p) = 6 - 4\sqrt{2}$.
Máximo en $q = (-1 - \sqrt{2}/2, -1 - \sqrt{2}/2, -1 - \sqrt{2})$ de valor $f(q) = 6 + 4\sqrt{2}$.

14 Se le pide a una empresa que diseñe un tanque para el almacenamiento de gas. El tanque debe ser cilíndrico con extremos semiesferas y debe tener una capacidad de 8000 m^3 de gas. ¿Qué radio y altura debe tener la parte cilíndrica para minimizar la cantidad de material utilizado?

Solución

Radio $10\sqrt[3]{\dfrac{6}{\pi}}$, altura 0.

15 ¿Cuál es el punto del cilindro hiperbólico $x^2 - z^2 - 1 = 0$ más próximo al origen?

Solución

$(x, y, z) = (\pm 1, 0, 0)$.

16 Consideremos el elipsoide

$$\frac{x^2}{a^2} + \frac{y^2}{b^2} + \frac{z^2}{c^2} = 1, \quad a, b, c > 0.$$

Determina las dimensiones del paralelepípedo de mayor volumen inscrito en el elipsoide. ¿Cuál es ese volumen?

Solución

Dimensiones: $x = a/\sqrt{3}$, $y = b/\sqrt{3}$, $z = c/\sqrt{3}$. $V_{max} = \dfrac{8\sqrt{3}}{9}abc$.

17 El plano $x+y+z = 1$ corta al cilindro $x^2+y^2 = 1$ en una elipse. Encuentra los puntos sobre dicha elipse más próximos y más alejados del origen.

Solución
Los puntos más cercanos al origen son $(1, 0, 0)$ y $(0, 1, 0)$.
El punto $p_2 = (-\sqrt{2}/2, -\sqrt{2}/2, 1+\sqrt{2})$ está más alejado del origen que el punto $p_1 = (\sqrt{2}/2, \sqrt{2}/2, 1-\sqrt{2})$.

Bibliografía

- J. Stewart, M. Rodríguez, E. Filio, Cálculo de varias variables trascendentes tempranas, Cengage Learning, México D. F. 2018.

- J. Rogawski, G. García, M. Jimeno, Cálculo: varias variables, Reverté, Barcelona 2012.

- J. Burgos, Cálculo infinitesimal de varias variables, McGraw-Hill, Madrid 2008.

- D. Zill, W. Wright, Cálculo de varias variables, McGraw-Hill, México D. F. 2011.

- T. Apostol, Calculus II, Cálculo con funciones de varias variables y álgebra lineal, con aplicaciones a las ecuaciones diferenciales y a las probabilidades, Reverté, Barcelona 1986.